Kompakt Edition: Supply Chain Controlling

Hartmut Werner

Kompakt Edition: Supply Chain Controlling

Grundlagen, Performance-Messung und Handlungsempfehlungen

Springer Gabler

Hartmut Werner
Wiesbaden Business School
Hochschule RheinMain
Wiesbaden, Deutschland

ISBN 978-3-658-05621-6   ISBN 978-3-658-05622-3 (eBook)
DOI 10.1007/978-3-658-05622-3

Die Deutsche Nationalbibliothek verzeichnet diese Publikation in der Deutschen Nationalbibliografie; detaillierte bibliografische Daten sind im Internet über http://dnb.d-nb.de abrufbar.

Springer Gabler
© Springer Fachmedien Wiesbaden 2014

Lektorat: Susanne Kramer

Gedruckt auf säurefreiem und chlorfrei gebleichtem Papier

Springer Gabler ist eine Marke von Springer DE. Springer DE ist Teil der Fachverlagsgruppe Springer Science+Business Media
www.springer-gabler.de

Vorwort

Mehr als die Vergangenheit interessiert mich die Zukunft,
denn in ihr gedenke ich zu leben.
(Albert Einstein)

Die Zitronen sind allmählich ausgedrückt: Zunächst wurde die Fertigung immer schlanker. Anschließend ging es den Lieferanten ans Leder. Am Ende dieses Weges angelangt, griff die Erkenntnis Raum: „Das Geld liegt in der Schnittstelle!". Es war die Geburtsstunde des Supply Chain Managements, das, bildlich gesprochen, in einem Dornröschenschlaf lag. Erst vor wenigen Jahren wurde es wachgeküsst. Plötzlich war klar, dass die größten Verbesserungspotenziale in einem Netzwerk kooperierender Akteure schlummern. Der Erfolg stellt sich jedoch nicht von selbst ein, die Frage lautet: „Was müssen wir tun, um das Geld zu heben?".

Das Supply Chain Controlling soll dabei helfen, die Bereiche zur Kostensenkung innerhalb moderner Lieferketten aufzudecken. Dazu muss der Controller umdenken: Sein Instrumentarium fokussiert sich nicht länger auf die eigene Organisation. Er hat auch Hilfsmittel bereit zu stellen, die weit über die Unternehmungsgrenzen hinweg reichen.

In diesem Buch wird eine mögliche Ausgestaltung des Supply Chain Controllings aufgezeigt. Zu den Instrumenten des Supply Chain Controllers zählen Kennzahlensysteme und Werttreiberbäume. Weiterhin setzt er moderne Performance Measurement-Systeme ein, allen voran die Supply Chain Scorecard. Abweichungen zu gesetzten Zielvorgaben misst der Supply Chain Controller über ein Cost Tracking geeigneter Spitzenwerte sowie moderne Hard-(Soft)-Analysen. Aber auch das Working Capital Management und Konzepte des Strategischen Kostenmanagements (Target Costing, Prozesskostenrechnung, Lifecycle Costing, Total Cost of Ownership) gehören zu seinem Handwerkszeug. Schließlich trägt wohl kein anderer Bereich derart zur dauerhaften Wertsteigerung von Organisationen bei, wie die Wertschöpfungskette. Über den Economic Value Added misst der Supply Chain Controller derartige Effekte.

Die Grundlage dieser Kompakt Edition ist ein Lehrbuch des Verfassers zum Supply Chain Management. Zum guten Gelingen haben einige Menschen unschätzbare Dienste geleistet. Sehr herzlich bedanke ich mich zunächst bei meinen Tutoren, Herrn Stephan Preuß und Herrn Sami Hamed. Sie haben mir vor allem bei der Erstellung von Abbildungen und der Literaturrecherche geholfen. Weiterhin möchte ich den Studierenden der Wiesbaden Business School meinen Dank aussprechen (Studiengänge „Bachelor of Arts in Business Administration" und „Master of Arts in Controlling and Finance"). Im Rahmen von Vorlesungen und Seminaren führten wir eine Vielzahl von Diskussionen, denen ich wertvolle Anregungen entnehmen konnte. Seitens des Springer Gabler-Verlags bedanke ich mich bei Frau Susanne Kramer für die konstruktive und jederzeit angenehme Zusammenarbeit.

Mein ganz besonderer Dank gilt schließlich meiner Frau Brigitte, die mir in der „heißen Phase" den Rücken weitgehend frei gehalten hat. Dies betrifft insbesondere unsere Söhne Constantin, Frederik und Adrian: Mir gegenüber hielten sich die Jungs in letzter Zeit jedenfalls mit „Hausaufgabennachschauexzessen" und „abendlichen Vokabelabfragerunden" erfreulich zurück.

Für eine Diskussion rund um das Supply Chain Controlling stehe ich gern zur Verfügung.

Wiesbaden, im Mai 2014   Hartmut Werner

Inhaltsverzeichnis

Abkürzungs- und Akronymverzeichnis

Act	Actual
B2A	Business-to-Administration
B2B	Business-to-Business
B2C	Business-to-Customer
Bud	Budget
c^*	Gesamtkapitalkostensatz
CRM	Customer Relationship Management
EBIT	Earnings before Interest and Taxes
EC	Electronic Cash
EVA	Economic Value Added
F & E	Forschung und Entwicklung
G & V	Gewinn- und Verlustrechnung
IT	Informationstechnologie
KPI	Key Performance Indicator
LCD	Liquid Crystal Display
lmi	Leistungsmengeninduziert
lmn	Leistungsmengenneutral
MA	Mitarbeiter
MJ	Mannjahre
MPA	Materialpreisabweichung
NOPAT	Net Operating Profit after Tax
NOPBT	Net Operating Profit before Tax
OEM	Original Equipment Manufactured Part
Olk	Outlook
P-3-Analyse	Position-3-Analysis
PPM	Parts per Million
PZK	Prozesskosten

RCO	Real Cost of Ownership
RFID	Radio Frequency Identification
ROA	Return on Assets
ROCE	Return on Capital Employed
ROE	Return on Equity
ROI	Return on Investment
ROTC	Return on Total Capital
ROS	Return on Sales
SC	Supply Chain
SCM	Supply Chain Management
SCOR	Supply Chain Operations Reference Model
T€	Tausend Euro
TBO	Total Benefit of Ownership
TCO	Total Cost of Ownership
TPO	Total Profit of Ownership
TV	Television
VTW	Vertriebswege
WACC	Weighted Average Cost of Capital
YE	Year End
YTD	Year to Date

Abbildungsverzeichnis

Lernziele und Vorgehensweise

1

▶ Das Supply Chain Management ist seit geraumer Zeit allgegenwärtig. Immer mehr Organisationen versuchen, die zum Teil immensen Kostensenkungspotenziale zu heben, welche in den internen Schnittstellen und den Netzwerken kooperierender Partner schlummern. Dieses Buch nimmt sich der Frage an, wie durch die Ausgestaltung eines zeitgemäßen Supply Chain Controllings diese Verbesserungsmöglichkeiten konkret auszuschöpfen sind. Das vornehmliche **Lernziel** dieser Kompakt Edition besteht darin, das Wesen und die Bedeutung des Supply Chain Controllings aufzuzeigen.

Der **Supply Chain Controller** ist die rechte Hand des Supply Chain Managers. Er muss in der Lage sein, die Führung kontinuierlich mit Informationen zu versorgen. Aber auch Ad-hoc-Anfragen dürfen den Supply Chain Controller nicht abschrecken, um bei kurzfristig aufkeimenden Problemen eine rasche Entscheidungshilfe leisten zu können (beispielsweise die Auslagerung von Supply Chain Aktivitäten auf Dienstleister oder das Einschleusen neuer Partner in die Lieferkette).

Um diese Herausforderungen meistern zu können, bündelt der Supply Chain Controller geeignete Hilfsmittel in seinem **Werkzeugkasten.** Dabei sollte er darauf achten, die unterschiedlichen Attribute des Wettbewerbs gleichermaßen zu bedienen: Ein modernes Supply Chain Controlling ist möglichst ausgewogen zu konzipieren. Der Einsatz kostenorientierter Instrumente darin ist nahe liegend. Doch ein reines Kostencontrolling stößt in komplexen und dynamischen Wertschöpfungsketten rasch an seine Grenzen. Vielmehr sind auch solche Hilfsmittel einzusetzen, welche primär auf die Schlüsselgrößen Zeit, Qualität, Flexibilität und Service zielen.

H. Werner, *Kompakt Edition: Supply Chain Controlling,*
DOI 10.1007/978-3-658-05622-3_1, © Springer Fachmedien Wiesbaden 2014

Der **Aufbau** des Buches orientiert sich an den oben beschriebenen Anforderungen an das Supply Chain Controlling. Zunächst werden die Grundlagen des Supply Chain Managements im Allgemeinen und des Supply Chain Controllings im Speziellen aufgezeigt. Anschließend ist eine Kennzahlentypologie der Supply Chain zu erarbeiten. Darin finden sich viele Indikatoren, die zur Bewertung der Erfolgswirksamkeit interner und externer Organisationsabläufe dienen. Anschließend werden diese Kennzahlen in moderne Performance Measurement Konzepte integriert. Beispielsweise sind in solchen Systemen finanzielle und nicht finanzielle Supply Chain-Ziele über spezielle Netzwerk Scorecards abzubilden und zu messen. Anschließend werden Ausgestaltungsmöglichkeiten für ein Cost Tracking von Supply Chain-Aktivitäten aufgezeigt (Cost Tracking von Materialpreisen, Frachtkosten und Beständen). Weiterhin wird die Bedeutung des Working Capital Managements und des Strategischen Kostenmanagements (Target Costing, Prozesskostenanalysen, Lifecycle Costing, Total Cost of Ownership) für ein Supply Chain Controlling thematisiert. Schließlich münden diese Ausführungen in die Bewertung dauerhafter Wertsteigerungen innerhalb moderner Unternehmungsnetzwerke, wozu der Economic Value Added herangezogen wird.

Grundlagen des Supply Chain Controllings 2

▶ Das Supply Chain Controlling ist eine wichtige Säule des **Supply Chain Managements**. Unter einem Supply Chain Management werden integrierte unternehmungsinterne wie auch netzwerkgerichtete Versorgungs-, Entsorgungs- (oder Recycling-) sowie After-Sales-Aktivitäten, inklusive die sie begleitenden – und dabei gleich gewichteten – Geld- und Informationsflüsse verstanden (vgl. Werner 2013a, S. 7).

2.1 Begriff und Einordnung

Eine Supply Chain erstreckt sich über mehrere Wertschöpfungsglieder; sie reicht von der *Source of Supply* (Lieferanten der Lieferanten) bis zum *Point of Consumption* (Kunden der Kunden).

Der Verlauf einer Supply Chain kann anhand des „**Order-to-Payment-S**" trefflich beschrieben werden (vgl. Klaus 2012, S. 457 ff.; Werner 2013a, S. 10). Abbildung 2.1 verdeutlicht das Grundprinzip des Konzepts. Innerhalb der Verkettung sind drei Bereiche zu unterscheiden. Sowohl die interne als auch die externe (integrierte) Supply Chain gehen in das Order-to-Payment-S ein.

- *Bereich 1*: Der erste Bereich verläuft von rechts nach links (flussaufwärts). Ein Kunde erteilt einen Auftrag (**Order**) an den Hersteller. Ein Supply Chain Management folgt im Kern dem Pull-Gedanken. Über Liefer- und Feinabrufe steuern die Disponenten diesen Auftrag, um daraus die zu fertigenden Bauzahlen abzuleiten. Der Disponent stellt seine Informationen den Einkäufern zur Verfügung, damit diese den Warennachschub gewährleisten können.

H. Werner, *Kompakt Edition: Supply Chain Controlling*, 3
DOI 10.1007/978-3-658-05622-3_2, © Springer Fachmedien Wiesbaden 2014

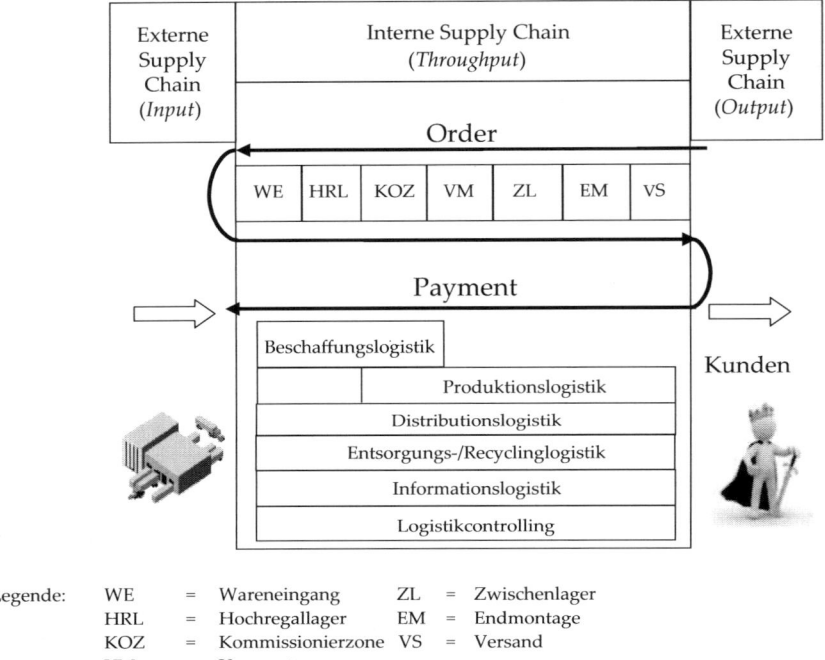

Legende: WE   = Wareneingang   ZL   = Zwischenlager
           HRL = Hochregallager   EM   = Endmontage
           KOZ = Kommissionierzone VS   = Versand
           VM   = Vormontage

Abb. 2.1 Order-to-Payment-S in der Supply Chain

- *Bereich 2*: Anschließend wird der physische Materialfluss (von links nach rechts) angestoßen. Flussabwärts steht die Erfüllung des Kundenauftrags im Mittelpunkt. Die gelieferten Teile werden in dieser beispielhaft betrachteten Supply Chain zunächst im Wareneingang angenommen. Nach ihrer Lagerung und Kommissionierung erfolgt die spätere Montage. Eine vorgelagerte Stelle *versorgt* dabei ihre jeweils nachgelagerte. Die Wertschöpfung steigt schrittweise, bis die Fertigwaren den Kunden zugestellt werden.
- *Bereich 3*: Zur Vermeidung von Opportunitätskosten wird der betrachtete Auftrag bis zu seiner Bezahlung weiter verfolgt (**Payment**). Diesbezüglich hat der Vertrieb möglichst kurze Zahlungsfristen mit seinen Kunden zu vereinbaren. *Entsorgung* oder *Recycling* verlaufen ebenfalls in dieser Richtung.

Es wird deutlich, dass ein **Supply Chain Management** vorhandene Logistikstrukturen bewusst nutzt (insbesondere die Beschaffungs-, die Produktions- und die Distributionslogistik). Ein Supply Chain Management erweitert diese primär physischen logistischen Materialflüsse allerdings deutlich um gleichgewichtete Zahlungs- und Informationsströme. Außerdem ist das Supply Chain Management insbesondere in der Schnittstelle verortet, es umspannt komplette Netzwerke: Darin werden auch die Lieferanten der Lieferanten und die Kunden der Kunden in eine allumfassende Wertschöpfungsbetrachtung einbezogen. Die traditionelle Logistik hingegen endet in ihren Kernfunktionen bereits an den direkten eingehenden (Systemlieferanten) und ausgehenden (unmittelbaren Abnehmern) Schnittstellen einer Unternehmung.

Im Rahmen der **Strukturierung von Supply Chains** finden sich zwei grundsätzliche Typen: Es sind einerseits hierarchisch pyramidale und andererseits polyzentrische Lieferketten zu unterscheiden. Diese beiden Ausgestaltungsformen (so genannte „Phänotypen") von Wertschöpfungspartnerschaften werden im Folgenden näher vorgestellt (vgl. Wildemann 2006, S. 204).

- Innerhalb der **hierarchisch pyramidalen Supply Chain** steht eine strategisch relevante Unternehmung im Mittelpunkt. Sämtliche Wertschöpfungspartner richten nach dieser dominierenden Organisation („Hub Firm") ihre Aktivitäten aus. Die Beherrschung des Netzwerks erfolgt beispielsweise durch die Größe, die Finanzausstattung oder das Wissenspotenzial der führenden Unternehmung. Aber auch der direkte Zugang dieser fokalen Unternehmung auf Beschaffungs- und Absatzmärkte kann die Strukturierung des Verbunds nachhaltig beeinflussen. Hierarchisch pyramidale Supply Chains orientieren sich folglich an der Marktmacht ihres „Leuchtturms". Die Zentralorganisation bindet ihre Partner vielfach über langfristige Kontrakte an sich.
- Im Gegensatz zur eindeutigen Strukturierung hierarchisch pyramidaler Supply Chains, liegen bei **polyzentrischen Supply Chains** homogene wechselseitige Abhängigkeiten (häufig in Form von Mehrfachmitgliedschaften) vor. In diesem Netzwerk sind sowohl die Entscheidungskompetenzen als auch die Koordinationsaufgaben relativ gleichmäßig über die eingebundenen Partner verteilt (vgl. Wildemann 2006, S. 204). Innerhalb dieses heterarchischen Netzwerks werden die Führung und die Dominanz regelmäßig durch Verhandlungen neu geregelt. Teilweise koordinieren einzelne Akteure eigenverantwortlich bestimmte Bereiche, da sie beispielsweise über besondere Kenntnisse auf diesem Gebiet verfügen („Spezialisierungsfunktion").

Zwischen den Partnern einer Supply Chain verwischen in der Regel klassische **Koordinationsmechanismen:** Es fehlt innerhalb dieser Lieferkette eine übergeordnete und leitende Instanz. Daher sind in Supply Chains Weisungen, Programme oder Pläne von ihrem Wirkungsgrad her schwächer ausgeprägt, als dies in einzelwirtschaftlichen Unternehmungen der Fall ist. Außerdem muss stets ein Konsens herrschen, um eine möglichst langfristige Netzwerkkooperation aufzubauen.

Die Akteure einer Supply Chain sind in ein heterogenes Interessentenbündel integriert. Lieferanten, Hersteller, Händler, Distributoren, Dienstleister und Kunden befinden sich gleichermaßen in diesem Netzwerk. Doch innerhalb von Wertschöpfungsketten sind fortwährende **Spannungsverhältnisse** zwischen den Akteuren auszuloten: Auf der einen Seite erhoffen sich die Partner aus ihrer Partizipation an dem Verbund eine gesteigerte Wettbewerbsfähigkeit. Andererseits streben die rechtlich selbständigen Organisationen nach Autonomie. Der Bezugsrahmen eines Supply Chain Managements muss diesen latenten Balanceakt miteinander konkurrierender Ziele ausloten.

Auf Grund der oben angesprochenen möglichen Interessenkonflikte innerhalb der Supply Chain verhalten sich unterschiedliche Zielvorgaben häufig wenig harmonisch zueinander („Reduzierung der Kosten", „Verbesserung der Qualität", „Forcierung von Schnelligkeit und Agilität", „Steigerung der Kundenzufriedenheit"). Werden diese Attribute kategorisiert, richten sich Supply Chain Akteure letztendlich innerhalb eines **magischen Erfolgsdreiecks** aus (vgl. Eßig et al. 2013, S. 374):

- *Maximierung der Prozesseffizienz*: Die Prozesseffizienz bedeutet eine direkte EBIT-Verbesserung. Sie wird beispielsweise durch eine Reduzierung von Frachtkosten, einer Steigerung der Mitarbeiterproduktivität oder der Absenkung von Materialkosten erreicht.
- *Minimierung der Kapitalbindung*: Zur Minimierung der Kapitalbindung trägt klassischer Weise die Bestandssenkung bei. Mittlerweile werden Kapitalbindungseffekte über den WACC (Weighted Average Cost of Capital) gemessen. Aber auch eine Optimierung des Asset Managements (Fuhrpark oder Gebäude) kann zur Absenkung der Kapitalbindung beitragen.
- *Maximierung des Kundennutzens*: Schließlich unterstützen die verbesserte Warenverfügbarkeit (Vermeidung von Stock-outs), beschleunigte, agile und qualitativ hochwertige Supply Chain Prozesse die Steigerung der Kundenzufriedenheit.

Es versteht sich, dass die bloße Übertragung der **klassischen Controllingausrichtung** diesen dynamischen und komplexen Abhängigkeitsverhältnissen innerhalb moderner Supply Chains kaum gerecht wird. Hinzu kommt, dass ein tradiertes Controlling primär unternehmungsintern ausgerichtet ist und Netzwerkabläufe kaum erfasst. Folgende **Begriffsklärung** bietet sich für ein Supply Chain Controlling an:

▶   Das prägende Merkmal eines **Supply Chain Controllings (SCC)** ist seine Führungsunterstützungsfunktion, ein Supply Chain Controlling sichert die Informationsversorgung des (Supply Chain) Managements. Die konzeptionelle Ausgestaltung erfolgt über die systematische und zweckgerichtete Einleitung interner und netzwerkorientierter Planungs-, Steuerungs- und Kontrollaktivitäten, mit dem Ziel der fortwährenden Prozessverbesserung.

Das Supply Chain Controlling orientiert sich an der Forcierung der Unternehmungseffektivität und der Unternehmungseffizienz gleichermaßen. Dazu werden im Rahmen der Leistungsbewertung **(Supply Chain Performance)** finanzielle Zielvorgaben überprüft (Kostenminimierung, Gewinnsteigerung, Liquiditätserhöhung). Außerdem sind in ein modernes Supply Chain Controlling gleichzeitig nicht finanzielle Ergebnisvorgaben einzubeziehen (Zufriedenheit, Schnelligkeit, Agilität). Ein kritischer Erfolgsfaktor des Supply Chain Controllings ist die **Prozessoptimierung**. Da zum Teil größere Informationsmengen innerhalb des Partnergefechts zu verarbeiten sind, müssen (möglichst standardisierte) Abläufe über geeignete Systeme abgewickelt werden. Diesbezüglich stellt die Einbindung externer Akteure eine besondere Herausforderung dar. In den so genannten *Collaborative Supply Chains* werden möglichst Echtzeitprozesse (Real Time Supply Chains) angepeilt, die sich durch ständige Datenaktualisierung auszeichnen. Ein prägendes Merkmal dieser kollaborativen Wertschöpfungsketten ist die Übertragung zusätzlicher Verantwortung auf einen jeweils vorgelagerten Supply Chain-Partner (beispielhaft steht dafür das Vendor Managed Inventory).

2.2   Ziele und Aufgaben

Ein herausragendes Ziel des Supply Chain Controllings ist die Unterstützung der (Supply Chain) Führung. Zur zielgerichteten Entscheidungsfindung sind Waren-, Informations- und Finanzflüsse innerhalb der Lieferketten möglichst **transparent** abzubilden. Somit wird es möglich, nicht wertschöpfende Tätigkeiten rasch zu identifizieren und gegebenenfalls zu eliminieren. Derartige Rationalisierungspotenziale finden sich beispielsweise in einer Absenkung von Prozesskosten und Transaktionskosten, dem verbesserten Kapitaleinsatz oder der optimierten Einbindung externer Partner in die Versorgungsströme einer Unternehmung.

Eng verwoben damit ist die **Messung der Erfolgswirksamkeit** von Supply Chain-Vorhaben. In diesem Kontext sticht der Einsatz geeigneter Kennzahlensysteme und Performance Measurement-Konzepte heraus. Diese müssen sich strategisch ausrichten, gleichzeitig aber auch zwingend die Operationalisierung von Supply Chain Zielen gestatten. Dadurch sollen etwaige Abweichungen zu gesetzten Zielvorgaben innerhalb der Supply Chain frühzeitig aufgedeckt werden. Ansonsten dürfte im Falle einer drohenden Zielunterschreitung ein rasches Eingreifen kaum möglich sein.

Weiterhin spielt die **Wertorientierung** innerhalb der Supply Chain eine prägende Rolle (vgl. von Haaren 2008, S. 51). Bestehende Werte müssen optimal genutzt und neue Werte ständig geschaffen werden. Zur Wertsteigerung leistet in zunehmendem Maße die möglichst schnelle und nachhaltige Steigerung des Lieferservicegrads einen herausragenden Beitrag. Die Gretchenfrage lautet: Wann ist der Grenzertrag zur Verbesserung der Kundenzufriedenheit erreicht? Besonders problematisch ist naturgemäß der Wertausgleich innerhalb der Supply Chain. Auf Grund latenter Spannungsverhältnisse und Interessenkonflikte einzelwirtschaftlicher Akteure wird eine jedwede Organisation zunächst ihre *eigenen* Werte sichern wollen. Erst an zweiter Stelle rangiert die Steigerung des Gesamtwerts einer kompletten Lieferkette.

Ein weiteres Ziel des Supply Chain Controllings ist die **Beherrschung der Komplexität**. Ohne die Nutzung geeigneter Informations- und Kommunikationssysteme droht der Supply Chain Controller im Datenmeer schier zu versinken. Besonders hoch sind die Anforderungen an Echtzeitabwicklungen. In diesem Fall müssen Enterprise Resource Planning (ERP)-Applikationen (Sukzessivplanungssysteme) vielfach Advanced Planning and Scheduling-Applikationen (Simultanplanungssysteme) weichen – oder sie sind zumindest von ihnen zu ergänzen.

Das **Aufgabenspektrum** des Supply Chain Controllers ist ausgesprochen vielschichtig. Wie im klassischen Controlling, sind im Supply Chain Controlling die Kostenerfassung, die Kostenverrechnung und die Leistungsbewertung sicher zu stellen. Die Steuerung unternehmungsinterner Abläufe gestaltet sich vergleichsweise einfach. Viel schwieriger ist das Controlling vermaschter Netzwerkprozesse, wenn Material-, Informations- und Finanzströme über die Grenzen der eigenen Organisation zu erfassen sind. Erst seit geraumer Zeit widmet sich das *Beziehungscontrolling* dieser Herausforderung: Darunter ist die systematische und zielgerichtete Steuerung des jeweiligen Stands von Beziehungen in miteinander verflochtenen Kooperationen – unter besonderer Berücksichtigung „weicher" Faktoren – zu verstehen (vgl. Weber und Wallenburg 2010, S. 300).

Zusätzlich hat der Supply Chain Controller ein adäquates **Berichtswesen** aufzubauen und zu pflegen, das besonders relevante Key Performance Indicators beinhaltet: Wie Bestände, Frachtkosten, Servicegrad, Materialpreise, Forecast Accuracy, Order Fulfillment Rate oder Durchlaufzeit. Die Informationen innerhalb dieses Reporting Systems sollten möglichst nicht veraltet sein. Daher ist der Einsatz von *Rolling Forecasts* zu empfehlen: Der rollierende Forecast zeichnet sich durch einen gleich bleibenden, überjährigen zeitlichen Horizont aus (in der Regel sind es fünf bis acht Quartale). Ein traditioneller Forecast wird hingegen unterjährig erstellt; er endet mit dem Geschäftsjahr. Seine Planungsfrist verkürzt sich somit monatsweise mit jedem neuen Actual. Im Vergleich zum tradierten Budget, ist der Rolling Forecast wesentlich aktueller und kostengünstiger: Es kann immer der letzte Informationsstand abgerufen werden, und durch die wenig detaillierte Planung sind Ressourcen einzusparen.

Das rechtzeitige Erkennen von **Supply Chain-Risiken** ist eine weitere Aufgabe des Supply Chain Controllers. Falsche Absatzprognosen, Versorgungengpässe oder Lieferverzögerungen sind mögliche Indikatoren für Defizite innerhalb moderner Wertschöpfungsketten. Folglich hat der Supply Chain Controller ein *Früherkennungssystem* aufzuspannen, in dem sich prägende Deskriptoren finden, um mögliche Brandherde rasch aufzudecken. Neben diesen drohenden Gefahren zeigt das Früherkennungssystem gleichzeitig Chancen auf, die der Erzielung von Wettbewerbsvorteilen dienen können.

Weiterhin sind im Supply Chain Controlling häufig **Sonderaufgaben** zu erledigen. Beispielhaft stehen dafür Make-or-Buy-Analysen: Die Auslagerung von Supply Chain-Aktivitäten kann sich auf den Fuhrpark (Fleet Management), die Produktion oder das Lagerwesen (Warehouse Management) erstrecken. Weitere Sonderaufgaben sind der Wahl der Rechtsform, der optimalen Standortwahl oder der Integration von Supply Chain Akteuren geschuldet

Schließlich dominiert traditionell im Supply Chain Controlling die monetäre Leistungsbewertung. Doch seit geraumer Zeit greift die Erkenntnis Raum, dass auch nicht finanzielle Supply Chain-Erfolgsparameter ihren Beitrag zur Erreichung gesetzter Supply Chain-Ziele leisten. In den folgenden beiden Kapiteln wird deutlich, dass diesbezüglich ein Übergang von klassischen **Kennzahlensystemen** zu echten Performance Measurement-Ansätzen notwendig wurde.

Kennzahlenmanagement in der Supply Chain

3

▶ Kennzahlen **(Ratios)** sind Maßgrößen, die den Anwender schnell und zielgerichtet informieren. Isoliert betrachtet, sind einzelne Kennzahlen jedoch nicht von großem Nutzen. Erst der Vergleich – zu Vorperioden oder Konkurrenzunternehmungen – erhöht ihren Aussagewert, indem über Kennzahlen betriebswirtschaftliche Abläufe in einem primär quantitativen Gesamtkontext abgebildet werden.

Folgende **Funktionen** erfüllen Kennzahlen (vgl. Werner 2014b, S. 43):

- *Operationalisierung*: Kennzahlen dienen der Bewertung von Unternehmungszielen.
- *Anregung*: Mit ihrem Einsatz wird die Aufdeckung von Auffälligkeiten ebenso ermöglicht, wie die Benennung von Abweichungsgründen.
- *Vorgabe*: Sie unterstützen die Ableitung kritischer Erfolgsfaktoren im Rahmen des Zielvorgabeprozesses.
- *Steuerung*: Kennzahlen forcieren die Transferierung von Managementvorgaben.
- *Kontrolle*: Schließlich ermöglichen Kennzahlen eine Durchführung von Soll-Ist-Vergleichen.

Da die isolierte Bemessung von Kennzahlen problembehaftet ist, werden betriebswirtschaftliche Abhängigkeitsverhältnisse in **Kennzahlensystemen** abgebildet. Die Spitzenkennzahl darin stellt einen „*Wurzelknoten*" dar. Mögliche Wurzelknoten in Kennzahlensystemen sind der Return on Investment (ROI), der Return on Capital Employed (ROCE) und der Economic Value Added (EVA). Die jeweiligen Einflussgrößen innerhalb dieser Kennzahlensysteme sind als direkte Werthebel zur

Verbesserung einer Spitzengröße zu verstehen. Daher werden Kennzahlensysteme immer häufiger als *Werttreiberbäume* bezeichnet. Innerhalb dieser Werttreiberbäume finden sich klassischerweise mathematische Interdependenzen zwischen den Einflussgrößen. Mittlerweile werden darin aber auch sachlogische Zusammenhänge erfasst.

▶   Kennzahlen sind unabdingbar für die Durchführung eines **Benchmarkings**, quasi als Mittel zum Zweck: Mit Hilfe des Kennzahlenvergleichs wird die unternehmungsinterne, konkurrenzbezogene oder branchenübergreifende Wettbewerbspositionierung zwischen den einbezogenen Vergleichsobjekten ermöglicht („*Wo*" stehen die Partner?). Auf Basis dieser Identifizierung erfolgt im Rahmen des Benchmarkings ein echter Wissenstransfer zwischen diesen Organisationen, indem sich die eingebundenen Unternehmungen möglichst am Best-in-Class ausrichten („*Wie*" hat es die Organisation geschafft, Best-Practice zu werden?).

Die primär quantitative Bewertung von Unternehmungsabläufen über traditionelle Kennzahlensysteme kann zu Fehlinterpretationen signifikanter Wirkungszusammenhänge führen. So richten klassische Kennzahlensysteme ihren Blick in die Vergangenheit (Eindimensionalität) und vernachlässigen weiche Einflussfaktoren. Außerdem fehlt ihnen der Bezug zur verfolgten Unternehmungsstrategie. Diese und weitere Schwachstellen traditioneller Kennzahlensysteme führten zur Entstehung von **Performance Measurement-Konzepten.** Abbildung 3.1 zeigt in übersichtlicher Weise prägende Unterschiede zwischen konventionellen Kennzahlensystemen und Performance Measurement-Ansätzen auf (vgl. Werner 2014a, S. 42).

Seit dem Aufkommen von Performance Measurement-Systemen werden Spitzenkennzahlen als **Key Performance Indicators (KPIs)** bezeichnet. Sie stellen sich häufig als Non Financials dar und bemessen den Erfüllungsgrad strategisch besonders bedeutsamer Unternehmungsaktivitäten. Damit besitzen KPIs einen signifikanten Einfluss auf die Zielerreichung. Im Gegensatz zu klassischen Kennzahlen, sind Key Performance Indicators nicht immer präzise zu erfassen oder zu quantifizieren. Diesen Leistungen ist vielfach kein absoluter Charakter inhärent, daher sollen KPIs vielmehr eine Aussage darüber erlauben, wie es *grundsätzlich* um die Performance steht. Die Aggregation einzelner KPIs erfolgt in Process Performance Indicators (PPIs). Zu ihrer geschäftsbereichsbezogenen Bündelung bieten sich schließlich Business Performance Indicators (BPIs) an. Ein kurzes Beispiel aus der Distributionslogistik dient dem besseren Verständnis dieser Begrifflichkeiten, wobei eine trennscharfe Zuordnung einzelner Messgrößen in die unterschiedlichen Kategorien nicht immer leicht fällt:

Unterscheidungsmerkmal	Traditionelles Kennzahlensystem	Performance Measurement-System
Zeitbezug	Vergangenheitsfokus	Zukunftsfokus
Primärmessgröße	Financials	Non Financials
Kausalbezug	Isolierte Messung einzelner Größen	Ursache -Wirkungs -Ketten
Ausrichtung	Finanzorientierung	Kundenorientierung
Hebelwirkung	Steuerung von Finanzzielen	Steuerung der Unternehmungsstrategie
Berichtsstruktur	Funktionale Berichtsstruktur	Prozessgerichtete Berichtsstruktur
Bewertungsschwerpunkt	Unternehmungsinterne Bewertung	Interne und externe Bewertung
Kosten-Leistungs-Bezug	Kostensenkung	Leistungssteigerung
Lernprozess	Individuelles Lernen	Company -Wide -Learning -Concept

Abb. 3.1 Traditionelles Kennzahlensystem versus Performance Measurement System

- *Kennzahl*: Lieferverzugszeit.
- Key Performance Indicator (KPI): Gesamtauslieferungszeit.
- *Process Performance Indicator (PPI)*: Auftragsabwicklungszeit. Sie setzt sich zusammen aus Beschaffungszeit, Fertigungszeit, Interner Lagerzeit, Verpackungszeit und eben jener Gesamtauslieferungszeit.
- *Business Performance Indicator (BPI)*: Auftragsabwicklungszeit „Geschäftsbereich 1", Auftragsabwicklungszeit „Geschäftsbereich 2", Auftragsabwicklungszeit „Geschäftsbereich 3" usw.

3.1 Arten von Kennzahlen

Im Kern lassen sich vier **Differenzierungsalternativen** von Kennzahlen unterscheiden. Weitere Abgrenzungsmöglichkeiten – wie die Unterteilung in normative und in deskriptive Kennzahlen – werden nicht aufgezeigt, weil sie das inhaltliche Fortkommen der vorliegenden Schrift kaum stärken. Die nähere Charakterisierung dieser Kennzahlenarten erfolgt in den nachstehenden Abschnitten dieses Buchs.

- *Statistische* Differenzierung: Absolute und relative Kennzahlen.
- Differenzierung nach der *Zielrichtung*: Erfolgs-, Liquiditäts- und Wertsteigerungskennzahlen.

Kennzahlentyp	Aussage	Beispiel
Gliederungszahl	Teil des Ganzen	Absoluter Marktanteil in %
Beziehungszahl	Normierung von Basiszahlen	Umsatz pro Mitarbeiter und Periode
Indexzahl	Beurteilung der zeitlichen Entwicklung	Preisindex für Rohstoffe

Abb. 3.2 Typologie relativer Kennzahlen

- Differenzierung nach der *Erfolgswirksamkeit*: Strategische und operative Kennzahlen.
- Differenzierung nach dem *Objektbezug*: Leistungs- und Kostenkennzahlen.

3.1.1 Absolute und relative Kennzahlen

Den relativen Kennzahlen sind Gliederungszahlen, Beziehungszahlen und Indexzahlen zuzuordnen (vgl. zur **Typologie relativer Kennzahlen** Abb. 3.2). Während die Gliederungszahl als „Teil des Ganzen" zu verstehen ist (wie die prozentuale Angabe von Marktanteilen), gibt die Beziehungszahl eine Normierung von Basisdaten wieder (beispielsweise Umsatz pro Mitarbeiter eines Geschäftsjahrs). Die Indexzahl hingegen spiegelt die Entwicklung ausgewählter Größen über einen zeitlichen Horizont. Ein Beispiel dafür ist die Preisentwicklung für Aluminium über die letzten zwölf Monate.

3.1.2 Erfolgs-, Liquiditäts- und Wertsteigerungskennzahlen

Unter die **Erfolgskennzahlen** fallen insbesondere die Renditegrößen. Zunächst bietet sich zur Berechnung des Unternehmungserfolgs die **Umsatzrendite** an (Return on Sales, ROS). Der Return on Sales speist sich aus Größen der Gewinn- und Verlustrechnung. Im Rahmen seiner Berechnung wird der Gewinn einer Organisation in das Verhältnis zum erzielten Umsatz gesetzt. Die Größe „Gewinn" ist in der Regel gleichzusetzen mit „Jahresüberschuss".

$$ROS = \frac{Gewinn \times 100}{Umsatz}$$

Eine weitere Erfolgskennzahl ist die **Eigenkapitalrendite** (Return on Equity, ROE), welche die Division von Gewinn zu Eigenkapital symbolisiert. Während der Gewinn aus der Erfolgsrechnung einer Unternehmung hervorgeht, entstammt das Eigenkapital der Bilanz.

$$ROE = \frac{Gewinn \times 100}{Eigenkapital}$$

Wie die Umsatzrendite und die Eigenkapitalrendite, stellt auch die **Gesamtkapitalrendite** (Return on Total Capital, ROTC) eine eher traditionelle Erfolgsgröße dar. Der ROTC speist sich ebenfalls aus dem „Gewinn". Folgende Definition der Gesamtkapitalrendite ist üblich:

$$ROTC = \frac{(Gewinn + FK - Zinsen) \times 100}{Eigenkapital + Fremdkapital}$$

Neben diesen drei tradierten Erfolgsgrößen, gewinnen insbesondere der **Return on Capital Employed** (ROCE) sowie der **Return on Assets** (ROA) an Bedeutung. Sie werden auf Bilanzpressekonferenzen und im Rahmen von Kennzahlenvergleichen mittlerweile häufig berücksichtigt. Die beiden Key Performance Indicators können jeweils als die erwirtschaftete „Kapitalrendite" einer Organisation verstanden werden. Die Berechnungsmöglichkeiten von ROCE und ROA sind unten aufgeführt.

$$ROCE = \frac{EBIT \times 100}{Eingesetztes \ Kapital}$$

Bei der Ermittlung von **ROCE** ist das operative Ergebnis einer Periode (EBIT) in der Gewinn- und Verlustrechnung abzulesen. Das eingesetzte Kapital (Capital Employed) setzt sich aus dem Anlagevermögen und dem Net Working Capital – Vorräte, Forderungen sowie unverzinsliche Verbindlichkeiten – zusammen. Im Unterschied zu dem Return on Capital Employed, leitet sich bei der Kennzahl **Return on Assets** der Zähler in der Regel nicht aus dem EBIT, sondern aus dem Rohertrag ab (Gross Profit). Bei einem näheren Blick auf die Gewinn- und Verlustrechnung findet bei der Überleitung des Rohertrags zum EBIT zumeist eine Verrechnung von Aufwendungen und Erträgen über folgende drei Blöcke statt:

- Marketing und Vertrieb (Marketing and Sales),
- Allgemeine Verwaltung (Administration and General) sowie
- Forschung und Entwicklung (Research and Development).

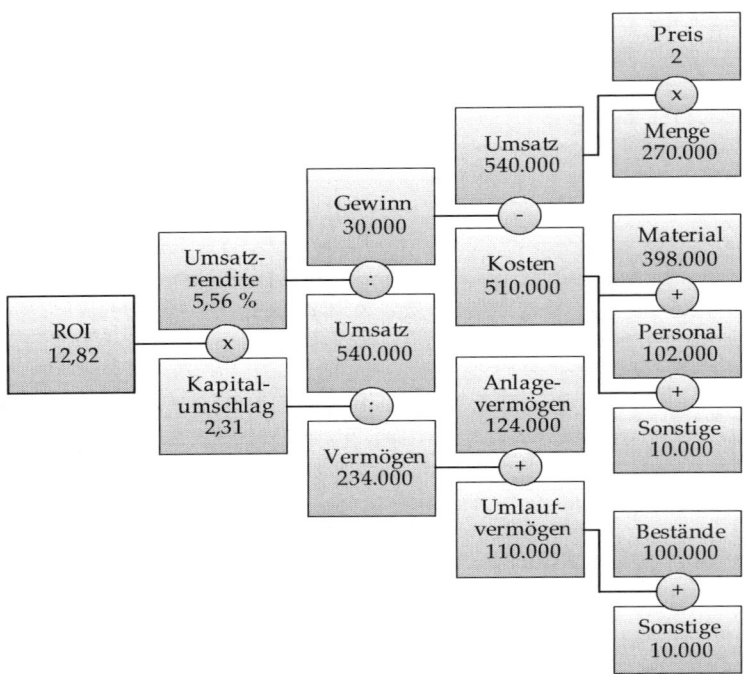

Abb. 3.3 Beispiel zur Berechnung des Return on Investment

$$\text{ROA} = \frac{\text{Gross Profit} \times 100}{\text{Eingesetztes Kapital}}$$

Vermutlich liegt die **zunehmende Verbreitung** von ROCE und ROA in der Unternehmungspraxis darin begründet, dass eine Erfolgsberechnung sich nicht länger aus dem Jahresüberschuss („Gewinn") ergibt. Vielmehr werden bei der Kapitalrendite EBIT oder Rohertrag als Erfolgsindikatoren angesehen. Und diese beiden Größen sind hochgradig disponibel. Sie zeigen unverblümt den operativen Geschäftserfolg auf. Der Jahresüberschuss hingegen berechnet sich nach Zinsen und Steuern. Und bekanntlich sind die (Fremdkapital-) Verzinsung sowie die Besteuerung kaum durch das Management beeinflussbar.

Schließlich stellt der **Return on Investment** (ROI) eine weitere Erfolgsgröße dar, die sich aus der Multiplikation von Umsatzrendite (Return on Sales) sowie Kapitalumschlag (Capital Turnover) errechnet. Diesbezüglich ist die Aufschlüsselung zu einem Kennzahlensystem möglich (Du-Pont-Schema, vgl. Abb. 3.3).

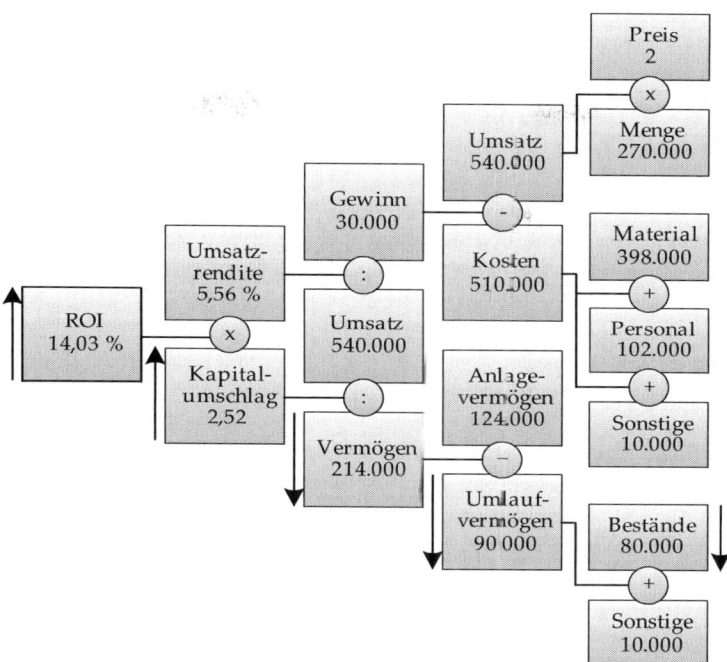

Abb. 3.4 Verbesserung des ROI durch Bestandssenkung

Ein Supply Chain Manager **beeinflusst die Rentabilität** einer Unternehmung direkt und nachhaltig. Folgendes Beispiel verdeutlicht diesen Gedanken (vgl. Abb. 3.4): Auf Grund eingeleiteter Aktivitäten zur Bestandssenkung gelingt es einer Unternehmung, die Vorräte um 20 % zu senken. Absolut ausgedrückt, bedeutet dieser Sachverhalt eine Reduzierung der Bestände von 100 Mio. € auf nunmehr 80 Mio. €. Ceteris paribus bewirkt dieser Effekt eine Minderung des Umlaufvermögens um 20 Mio. € (dieses schmälert sich von 110 auf 90 Mio. €). Somit reduziert sich dadurch das Vermögen ebenfalls um 20 Mio. € (von 234 auf 214 Mio. €). Basierend auf diesem Vermögensabbau, erhöht sich der Kapitalumschlag deutlich von 2,31 auf 2,52. Die Änderung des ROI ist ebenfalls beachtlich. Dieser steigt von 12,82 % auf 14,03 %. Somit lässt das herangezogene Beispiel folgende Interpretation zu: Eine Senkung der Vorräte um 20 % verbessert den **ROI um 1,21 % Prozentpunkte** (auf Basis verwendeten Zahlen). Dies entspricht einer relativen Renditesteigerung von 9,5 %.

Doch mit Nachdruck sei nochmals darauf hingewiesen, dass oben beschriebenes Beispiel der Vorratssenkung nur **ceteris paribus** gelten darf. Eine Verbesserung der Rendite ausschließlich auf ein Herunterfahren von Beständen zurückführen zu wollen, erscheint nur bedingt sinnvoll: In obigem Betrachtungszeitraum wurden die Vorräte um 20 % reduziert. Alle übrigen Größen blieben in ihrer Höhe jedoch unverändert.

Und diese Annahme erscheint wenig realistisch. Eine Bestandssenkung „um jeden Preis" ruft **Trade-off-Effekte** regelrecht auf den Plan (Zielkonkurrenz). Beispielsweise wirken sich Aktivitäten des Vorratsma-nagements häufig negativ auf Materialpreise, Frachtkosten oder Produktionskosten aus. Folglich könnte das Absenken der Bestände bei diesen Einflusskomponenten Verschlechterungen hervorrufen. Und diese negativen Auswirkungen fänden selbstredend ihren Niederschlag in einer verschlechterten Rentabilität. Abbildung 3.4 visualisiert diesen Zusammenhang.

Der **Finanzmittelüberschuss** einer Unternehmung stellt die Dynamisierung der statischen Liquidität dar. Er ist ein Indikator der Ertragskraft. Synonym wird der Finanzmittelüberschuss als Cash Flow bezeichnet. Im einfachen Fall spiegelt der **Cash Flow** die Differenz zwischen Einzahlungen und Auszahlungen. Damit zeigt der Cash Flow die Fähigkeit eines Wettbewerbers auf, Einzahlungsüberschüsse aus dem betrieblichen Leistungsprozess zu generieren. Doch sind direkte Einzahlungen und Auszahlungen einer Unternehmung für einen Dritten nicht einsehbar. Daher dienen andere Indikatoren aus dem Jahresabschluss in der Regel als Grundlage zur Berechnung eines Cash Flow.

Der Cash Flow dient der Abbildung von **Finanzströmen** in Supply Chains. Eine benachbarte Kennzahl stellt das Working Capital dar, das insbesondere durch den Cash-to-Cash-Cycle (vgl. Gliederungspunkt 6.2) in den letzten Jahren wieder eine regelrechte Renaissance erlebte.

Es handelt sich bei einem Cash Flow um keine einheitlich definierte Kennzahl. Vielmehr existieren etliche Arten und Berechnungsmöglichkeiten, um einen Finanzmittelüberschuss zu bestimmen. Deshalb ist im Rahmen eines Benchmarkings über den Cash Flow minutiös dessen Definition zu beachten. Eine **pragmatische Ermittlungsmöglichkeit** zur Berechnung des Cash Flow zeigt der nachstehende Definitionsblock auf (vgl. Lewe und Schneider 2004, S. 41; Probst 2012, S. 59).

	Jahresüberschuss
±	Abschreibungen/Zuschreibungen
±	Erhöhung/Verminderungen von Rückstellungen
=	„Praktiker Cash Flow"

Dieser „Praktiker Cash Flow" gibt jedoch nicht wieder, dass ein Supply Chain Management einen mitunter gewichtigen Einfluss auf den Finanzmittelüberschuss ausübt. Daher ist unten der **erweiterte Cash Flow** angegeben, dessen Definition aufdeckt, dass Veränderungen von Beständen und Forderungen den Finanzmittelüberschuss nachhaltig determinieren (vgl. Lewe und Schneider 2004, S. 42).

	Jahresüberschuss
±	Abschreibungen/Zuschreibungen auf Vermögenswerte
+	Veränderungen Rückstellungen
+	Veränderungen Sonderposten mit Rücklageanteil
+	Veränderungen Wertberichtigungen
-	Veränderungen Vorräte
-	Veränderungen Forderungen
-	Veränderungen aktive RAP
-	Aktivierte Eigenleistungen
=	Erweiterter Cash Flow

Weitere Ermittlungsmöglichkeiten eines Cash Flow werden nicht verfolgt, um den Rahmen der Ausführungen nicht zu sprengen. Der Leser sei auf die Fachliteratur verwiesen (vgl. Krüger 2011, S. 13; Lewe und Schneider 2004, S. 41 ff.; Ossola-Haring 2006, S. 108 ff.; Reinecke et al. 2009, S. 113 ff.). Dort sind Discounted (Free) Cash Flow, indirekter Cash Flow, operativer Cash Flow oder Netto Cash Flow definiert.

Schließlich werden nach ihrer Zielrichtung **Wertsteigerungskennzahlen** unterschieden. Der wohl bedeutsamste Vertreter dieser Gattung ist der Economic Value Added (EVA). Unter Gliederungspunkt 4.4 findet sich seine ausführliche Charakterisierung. Der Economic Value Added – wie auch die benachbarten Konzepte Market Value Added, Economic Profit, Added Value oder Cash Value Added – steigern die Transparenz im Wettbewerb, indem sie bestrebt sind, der Wahrung des Shareholder Value zu folgen.

Kennzahlart / Supply Ebene	Strategische Kennzahlen	Operative Kennzahlen
Netzwerkkennzahlen	- Gesamtdurchlauf SC - Gesamtkosten SC - Time-to-Market SC - Gesamtlieferzeit SC	- Cash-to-Cash-Cycle - Schnittstellen SC - Kundenkontakte SC
Interne Kennzahlen	- Bestände - Servicegrad - Lieferflexibilität	- Kosten pro Bestellung - Aufträge pro Jahr - Gängigkeit Bestände

Abb. 3.5 Strategische und operative Kennzahlen

3.1.3 Strategische und operative Kennzahlen

Strategische Kennzahlen zeichnen sich grundsätzlich durch eine hohe Erfolgswirksamkeit aus (Effektivitätskennzahlen). Zumeist sind sie von längerfristiger Natur. **Operative Kennzahlen** hingegen finden zur Effizienzmessung Berücksichtigung. Beispielsweise bewerten sie die Wirtschaftlichkeit logistischer Aktivitäten. Strategische wie auch operative Indikatoren können sich entweder auf ein komplettes Netzwerk (extern), oder intern ausrichten. Abbildung 3.5 zeigt diesen Zusammenhang in übersichtlicher Weise auf (vgl. außerdem Meyer 2011, S. 125 ff.; Weber und Wallenburg 2010, S. 245 ff.). Selbstverständlich sind die herangezogenen KPIs nur beispielhaft zu verstehen, und sie lassen sich nicht binär einem jeweiligen Feld zuordnen.

3.1.4 Leistungs- und Kostenkennzahlen

Schließlich können Leistungs- und Kostenkennzahlen kategorisiert werden. Die **Performance** in Supply Chains bezieht sich zumeist auf die Einhaltung zeitlicher und qualitativer Vorgaben. Ebenso sind jedoch in modernen Wertschöpfungsnetzen auch Leistungskriterien, wie Anpassungsfähigkeit, Komplexität oder Kooperationsbereitschaft, zu bewerten. Die **Kostenindikatoren** hingegen beziehen sich beispielsweise auf Prozesskosten, Qualitätskosten, Bevorratungskosten, Abstimmungskosten oder Distributionskosten. Abbildung 3.6 spiegelt diesen Kontext (vgl. auch Weber und Wallenburg 2010, S. 243 ff.).

Kategorie Kennzahlentyp	Kennzahlenkategorie	Beispiel
Leistungskennzahlen	- Geschwindigkeit - Qualität - Anpassungsfähigkei: - Kooperation - Komplexität	- Durchlaufzeit - Ausschussrate - Einrichtzeit - Gleiche Datensätze - Zahl Produktvarianten
Kostenkennzahlen	- Prozesskosten - Qualitätskosten - Bevorratungskosten - Abstimmungskosten - Distributionskosten	- Transaktionskosten - Rückrufkosten - Bestandskosten - Kommunikationskosten - Frachtkosten

Abb. 3.6 Leistungs- und Kostenkennzahlen

3.2   Kennzahlentypologie der Supply Chain

Im Folgenden wird eine zweidimensionale Typologie des Kennzahlenmanagements einer Supply Chain diskutiert (vgl. Werner 2013a, S. 322 ff.). Prägend für die Elemente der **ersten Dimension** ist deren sukzessive Zunahme an Wertschöpfung. Basierend auf der Dekomposition einer unternehmungsinternen Supply Chain, sind mit Input, Throughput und Output die drei Kernbereiche einer Logistikkette zu nennen. Zur Reduzierung von Opportunitätskosten in der Supply Chain, werden zusätzlich Kennzahlen des Payments abgebildet. Unter Berücksichtigung ihres **Wertschöpfungsbezugs**, kristallisieren sich die folgenden Kennzahlengruppen heraus:

- **Input**: Kennzahlen der Beschaffung.
- **Throughput**: Kennzahlen der Lagerung, der Kommissionierung und der Produktion.
- **Output**: Kennzahlen der Distribution.
- **Payment**: Kennzahlen der Finanzströme.

Die Zunahme an Wertschöpfung über die Stufen Input, Throughput und Output resultiert insbesondere aus den Faktoren Personaleinsatz, Materialverbrauch, logistische Abschreibungen sowie Betriebs- und Hilfsmittelverbrauch. Diese Einflussgrößen reichen von der Materialbeschaffung bis zum Versand der Fertigwarenbestände. Das vorgestellte Kennzahlensystem ist allerdings nicht ausschließlich auf den direkten Sektor (Produktion oder Montage) zu beziehen. Es kann sehr wohl auch zur Messung von Aktivitäten im **indirekten Bereich** (Dienstleistungs- und Servicesegment) dienen.

In der **zweiten Dimension** der Typologie sind verschiedene Arten von Kennzahlen aufgeführt. Die Kennzahlen des vorliegenden Systems werden in drei Bereiche unterteilt:

- **Generische** Kennzahlen.
- Kennzahlen zur Produktivitäts- und Wirtschaftlichkeitsbewertung.
- **Qualitäts-** und **Service**-Kennzahlen.

Bei der näheren Beschreibung der verschiedenen **Kennzahlenarten** dieser Typologie ist zunächst der Begriff der generischen Größen zu klären. Unter die **generischen Key Performance Indicators** fallen allgemeine und übergeordnete Größen, welche den jeweiligen Bereich einer Supply Chain prägen.

Die zweite Kategorie unterschiedlicher Kennzahlenarten bezieht sich in der Typologie auf Produktivitäts- und Wirtschaftlichkeitsindikatoren. **Produktivitätskennzahlen** spiegeln das Ergebnis von Output-Input-Relationen. Häufig werden in diesem Zusammenhang Arbeitsproduktivitäten gemessen: Ein Beispiel dafür sind in der Kommissionierung „Picks pro Stunde". Im Rahmen der Ermittlung von **Wirtschaftlichkeitskennzahlen** bedarf es der *Bewertung* einer Produktivität über Aufwendungen (Erträge) oder Kosten (Leistungen). Wieder auf die Kommissionierung bezogen, sind dies beispielsweise „Kosten pro Pick".

In dem dritten Segment unterschiedlicher Arten von Kennzahlen des Supply Chain Managements finden sich **Qualitäts- und Serviceindikatoren** (Zufriedenheitsindizes). Ein gewichtiger Vertreter dieser Kategorie ist der Lieferservicegrad.

Diese beiden Dimensionen der Kennzahlentypologie werden in den folgenden Kapiteln mit einer Vielzahl von KPIs aufgefüllt. Das vorliegende Konzept erhebt keinen Anspruch auf Vollständigkeit. Auch können die Definitionen der Kennzahlen im Einzelfall durchaus variieren. In der Folge wird dennoch der Versuch unternommen, mit den hier abgebildeten Größen die **wesentlichen Werttreiber** eines modernen Supply Chain Managements erfasst zu haben. Abbildung 3.7 zeigt eine zweidimensionale Matrix, in der sich die oben charakterisierten Inhalte wiederfinden.

Kennzahlenart Wertschöpfung	Generische Kennzahlen	Produktions- und Wirtschaftlichkeits-kennzahlen	Qualitäts- und Servicekennzahlen
Input - Beschaffung	I.1	I.2	I.3
Throughput - Lagerung - Kommissionierung - Fertigung	II.1	II.2	II.3
Output - Distribution	III.1	III.2	III.3
Payment - Finanzen	IV.1	IV.2	IV.3

Abb. 3.7 Struktur der Kennzahlentypologie einer Supply Chain

3.2.1 Input: Kennzahlen der Beschaffung

Der Input ist ein Sektor der Kennzahlentypologie mit niedrig ausgeprägter Wertschöpfung, da noch keine Materialveredelung stattgefunden hat. Hinsichtlich der Bestandsstruktur finden sich hier vor allem bezogene Rohmaterialien und Fertigungsteile (Kaufteile). Die Kennzahlen des Inputs einer Supply Chain entstammen insbesondere der **Beschaffung**. Allgemein messen sie die Performance einer Lieferantenintegration (vgl. zu Kennzahlen der Beschaffung einer Supply Chain Cohen und Roussel 2006, S. 303 ff.; Schulte 2013, S. 641 ff.; Stollenwerk 2012, S. 91 ff.; Strigl et al. 2004, S. 143 ff.).

3.2.1.1 Generische Kennzahlen
Zunächst werden die absoluten **generischen Kennzahlen** des Inputs einer Supply Chain aufgeführt (vgl. **Feld I.1** in der Typologiebox sowie den nachstehenden Kennzahlenblock). Diesen Größen sind naturgemäß ausgeprägte Affinitäten zum Einkauf und zur Disposition immanent.

Anzahl Einkaufsteile
Einkaufsvolumen

Anzahl Bestellpositionen
Anzahl Lieferanten

Weiterhin finden sich in der Typologie etliche relative generische Kennzahlen des
Inputs einer Supply Chain. Ein Klassiker unter diesen Größen ist der **Preisindex**.
Seine begriffliche Klärung erfolgt im nachstehenden Definitionsblock. Ferner fallen
in dieses Segment der Typologie die Kennzahlen Volumenstruktur sowie Maverick-
Buying-Quote (auch deren Begriffsfindung ist unten wiedergegeben). Mit Hilfe von
Preisindizes wird die Leistung der in der Einkaufsabteilung beschäftigten Mitar-
beiter gemessen (vgl. zur Materialpreisabweichung Gliederungspunkt 5.1.1. Dazu
sind möglichst sämtliche Einflussfaktoren heraus zu rechnen, welche der Einkäufer
nicht verhandeln kann. Dazu zählen Währungseffekte oder über die Börse notierte
Materialien.

$$\text{Preisindex (\%)} = \frac{\text{Preis gezahlt} \times 100}{\text{Preis budgetiert}}$$

Der Key Performance Indicator **Volumenstruktur** steigert die Transparenz von
Beschaffungsaktivitäten, indem das komplette Einkaufsvolumen in diverse Com-
modities herunter gebrochen ist. Mit Hilfe der Differenzierung von Beschaffungs-
wegen kann die Aussagekraft dieser Kennzahl gesteigert werden (wie Hersteller,
Großhändler, Einzelhändler oder Agenturen).

$$\text{Volumenstruktur (\%)} = \frac{\text{Einkaufsvolumen pro Materialart} \times 100}{\text{Totales Einkaufsvolumen pro Jahr}}$$

Der Begriff **Maverick Buying** meint eine Warenbeschaffungsart, die nicht auf Basis
existenter Rahmenverträge vorgenommen wird. Dadurch können insbesondere die
Total Cost of Ownership negativ beeinflusst sein. Mit Hilfe der Maverick Buying
Quote ist dieser Missstand aufzudecken.

$$\text{Maverick Buying Quote (\%)} = \frac{\text{Einkaufsvolumen RV} \times 100}{\text{Totales Einkaufsvolumen}}$$

3.2.1.2 Produktivitäts- und Wirtschaftlichkeitskennzahlen

In **Feld I.2** der Matrix treffen die beiden Dimensionen Input sowie **Produktivitäts-
und Wirtschaftlichkeitskennzahlen** aufeinander. Die hier charakterisierten Indikatoren zur Leistungsmessung sind Sendungen pro Tag, Warenannahmezeit je
Sendung, Wareneingangskontrollen pro Tag, Warenannahmekosten je Sendung
sowie Wareneingangskontrollkosten pro Tag.

Die Kennzahl **Sendungen pro Tag** misst die Produktivität der Mitarbeiter innerhalb der Warenannahme. Im Rahmen eines potenziellen Kennzahlenvergleichs von Sendungen pro Tag, ist die Bedeutung unterschiedlicher Hilfsmittel zur Warenvereinnahmung herauszustellen (wie Barcode oder RFID). Diese beeinflussen die Supply-Chain-Performance mitunter nachhaltig.

$$\text{Sendungen pro Tag} = \frac{\text{Anzahl eingehender Sendungen pro Tag}}{\text{Anzahl Mitarbeiter pro Tag}}$$

Ein weiterer Vertreter zur Beurteilung einer Produktivität innerhalb der Wertschöpfungskette ist die **Warenannahmezeit pro Sendung**. Ceteris paribus treiben überproportional lange Warenvereinnahmungen die Prozesskosten. Daher sind in diesem Fall die Gründe für niedrige Produktivitäten in der Warenannahme herauszuarbeiten (und diese Defizite möglichst rasch abzustellen).

$$\text{Warenannahmezeit pro Sendung} = \frac{\text{Warenannahmezeit insgesamt}}{\text{Anzahl eingehender Sendungen}}$$

In der Unternehmungspraxis besteht derzeit die Tendenz, dass die Raten durchgeführter **Wareneingangskontrollen** (WEK) gesenkt werden, um Handlingskosten und Personalkosten einzusparen. Mit Hilfe dieser Produktivitätskennzahl ist dieses Phänomen zu überprüfen.

$$\text{WEK pro Tag} = \frac{\text{Anzahl Kontrollen im WE}}{\text{Anzahl WE pro Tag}}$$

Der Wirtschaftlichkeitsindikator **Warenannahmekosten je Sendung** findet im Rahmen der Bestimmung von Prozesskostensätzen innerhalb der Beschaffung breiten Einsatz. Mögliche Kostentreiber können das Warenhandling oder das Personal sein.

$$\text{Warenannahmekosten je Sendung} = \frac{\text{Kosten Warenannahme insgesamt}}{\text{Anzahl eingehende Sendungen je Tag}}$$

Schließlich sind die **Wareneingangskontrollkosten pro Tag** zu ermitteln. Diese Wirtschaftlichkeitskennzahl ist wichtig für die Ermittlung von Transaktionskosten innerhalb eines Supply Chain Managements. Mit Hilfe einer intensivierten Zulieferintegration (teilweise verbunden mit der Möglichkeit, Aktivitäten des Kunden auf den Lieferanten zu verlagern) wird derzeit in der Unternehmungspraxis der Versuch unternommen, die Kosten für Wareneingangskontrollen zu senken.

3.2.1.3 Qualitäts- und Servicekennzahlen

Schließlich erfolgt unter diesem Gliederungsabschnitt für das Segment Input eine Beschreibung von **Qualitäts- und Servicekennzahlen** (vgl. in der Kennzahlentypologie **Feld I.3**). Der „König" unter diesen Größen ist der Lieferservicegrad. Im Allgemeinen misst er den Prozentsatz an Aufträgen, die ein Lieferant vereinbarungsgemäß abarbeiten konnte. Dabei sind qualitative, quantitative und zeitliche Abweichungen von Zielvorgaben möglich.

Der *eingehende* **Servicegrad** misst den Prozentsatz termin-, mengen- oder qualitätsgerechter Anlieferungen. Diese Kennzahl bewertet die Warenverfügbarkeit des Kunden.

$$\text{Servicegrad (\%)} = \frac{\text{Anzahl auftragsgerechte Bestellpositionen} \times 100}{\text{Anzahl Bestellpositionen insgesamt}}$$

Als „Unterkennzahlen" des eingehenden Servicegrads finden die Zurückweisungsquote und die Verzögerungsquote Einsatz. Deren nähere Kennzeichnung erfolgt nachstehend. Beide Indikatoren stehen für die *Güte* von Lieferantensendungen. Die **Zurückweisungsquote** gibt den Prozentsatz für Lieferungen an, welche unter qualitativen, quantitativen oder zeitlichen Defiziten leiden. Diese Schwierigkeiten müssen nicht unbedingt die Ware selbst betreffen. Sie können beispielsweise auch in einer beschädigten oder verdreckten Mehrwegverpackung begründet liegen.

$$\text{Zurückweisungsquote (\%)} = \frac{\text{Anzahl Zugänge abgewiesen} \times 100}{\text{Anzahl Zugänge insgesamt}}$$

Die **Verzögerungsquote** bemisst ausschließlich die zeitliche Güte eingehender Warenlieferungen. Dieser Performance Indicator bemisst den Prozentsatz von Lieferrückständen („Backlogs").

$$\text{Backlogs (\%)} = \frac{\text{Anzahl Zugänge verspätet} \times 100}{\text{Anzahl Zugänge insgesamt}}$$

3.2.2 Throughput: Kennzahlen der Lagerung, der Kommissionierung und der Produktion

Nachdem die Kennzahlen des Inputs oben näher gewürdigt wurden, findet im Anschluss eine Charakterisierung des Bereichs **Throughput** statt. Im Sinne steigender Wertschöpfung, werden darunter die drei Segmente Lagerung, Kommissionierung sowie Produktion subsumiert. Dabei ist die Produktion hier begrifflich nicht eng auszulegen. Im Gegenteil, auch Indikatoren der Montage sind unter den Bereich

Throughput gefasst. Zu möglichen Kennzahlen des Throughputs vgl. Cohen und Roussel 2006, S. 305 ff.; Gunasekaran et al. 2001, S. 80 ff.; Krüger 2011, S. 87; Ossola-Haring 2006, S. 357 ff.; Reinecke et al. 2009, S. 113; Schulte 2013, S. 650 ff.; Siegwart 2002, S. 98 ff.; Strigl et al. 2004, S. 165 ff.

3.2.2.1 Generische Kennzahlen

Die Beschreibung der Kosten- und Leistungsindikatoren des Throughputs beginnt wiederum mit den **generischen Kennzahlen** (vgl. **Feld II.1** in der Kennzahlentypologie). Analog zur Diskussion um die Inhalte des Inputs, finden sich im nachstehenden Kennzahlenblock zunächst einige absolute Werte.

Anzahl gelagerter Artikel
Anzahl Verpackungseinheiten
Menge gelagerter Teile
Anzahl Lagervorgänge
Auftragsvolumen
Anzahl zu disponierender Artikel
Anzahl Auftragseingänge

Bei der Charakterisierung relativer Größen der **Lagerwirtschaft** ragen zwei Indikatoren heraus: Die Umschlagshäufigkeit und die Reichweite des Lagers. Die **Lagerumschlagshäufigkeit** (*Turn Rate*) stellt eine strategische Kennzahl dar, welche für das (Top-) Management und die Logistikleitung von großer Bedeutung ist. Für das Tagesgeschäft hingegen ist die Turn Rate nur von geringem Nutzen, da sie eine Verdichtung von Sachnummern (zum Beispiel auf Produktlinienebene) darstellt und den Disponenten im operativen Tätigkeitsfeld kaum Dienste erweist.

Eine **Turn Rate** gibt an, wie oft die Bestände pro Periode, zumeist bezogen auf ein Geschäftsjahr, im Lager ausgetauscht werden (sich „umschlagen"). Ihre Berechnung speist sich aus Größen der Gewinn- und Verlustrechnung (Umsatz oder Herstellungskosten des Umsatzes) sowie der Bilanz (durchschnittlicher Lagerbestand). Die Vorräte sind möglichst im Durchschnitt anzugeben, weil ein Absolutwert zum Jahresabschluss zu einer Verfälschung der tatsächlichen Verhältnisse führen könnte. Da Umsatz und Lagerbestand – letzter zumindest als Jahresendwert – aus dem Geschäftsbericht leicht abzulesen sind (zumindest gilt dies für Kapitalgesellschaften), findet die unten dargestellte Berechnung einer Turn Rate für **Investor-Relations-Überlegungen** häufig Anwendung.

$$\text{Turn Rate (Investor Relations)} = \frac{\text{Umsatz (Herstellungskosten)}}{\text{Durchschnittlicher Lagerbestand}}$$

Ein **Beispiel** zur Ermittlung einer Turn Rate unterstreicht die Ausführungen: Ein mittelständischer Automobilzulieferer erzielt einen Umsatz von 500 Mio. €. In der Bilanz verbucht diese Organisation einen durchschnittlichen Bestand von 60 Mio. €. Daraus errechnet sich eine Lagerumschlagshäufigkeit von 8,3 pro Jahr.

$$8,3 \text{ Turns} = \frac{\text{Umsatz } (500.000.000 \text{ €})}{\text{Bestand } (60.000.000 \text{ €})}$$

Für interne Ermittlungen der Turn Rate kann in der Berechnungsformel im Zähler der **Wareneinsatz** (synonym als Materialverbrauch bezeichnet) den Umsatz ersetzen. Wenn diese Berechnung vielleicht auch „schärfer" erscheinen mag, verschließt sie jedoch die Möglichkeit eines externen Kennzahlenvergleichs, da der Wareneinsatz für einen Dritten nicht ersichtlich ist.

$$\text{Turn Rate (Interne Berechnung)} = \frac{\text{Materialverbrauch}}{\text{Durchschnittlicher Lagerbestand}}$$

Im Gegensatz zur Umschlagshäufigkeit, stellt die **Reichweite des Lagers** (*Days on Hand, Ranges*) eine operative Kennzahl des Warehouse Managements dar. Weil dieser Indikator bis auf die einzelne Sachnummer herunter gebrochen ermittelt wird, hilft er dem Disponenten bei der täglichen Steuerung seines Vorratsvermögens. Von der Semantik her leicht ableitbar, gibt diese Kennzahl an, wie viele Tage (Wochen/Monate) der Vorrat einer Materialart auf Lager „ausreicht". Zum Teil finden sich in der Literatur synonym die Bezeichnungen „Lagerdauer" oder „Eindeckzeit" (vgl. Krüger 2011, S. 129; Lewe und Schneider 2004, S. 111). Analog zur Umschlagshäufigkeit, ist zunächst wiederum die externe Berechnungsmethode (**Investor-Relations**) aufzuzeigen. Anschließend werden zwei interne Möglichkeiten zur Definition von Lagerreichweiten diskutiert: die vergangenheitsorientierte und die zukunftsorientierte Eindeckzeit. Die externe Lagerreichweite wird reziprok zur Umschlagshäufigkeit berechnet (vgl. unten):

$$\text{Ranges (Investor Relations)} = \frac{\text{Durchschnittlicher Lagerbestand}}{\text{Umsatz (Umsatzkosten)}}$$

Das herangezogene **Beispiel** zur Kalkulation einer Lagerumschlagshäufigkeit wird hier aufgegriffen und fortgeführt. Dazu ist der durchschnittliche Bestand mit den Kalendertagen (oder Wochen) eines Jahres zu multiplizieren und durch den Umsatz zu dividieren. Die Reichweite der Vorräte beträgt durchschnittlich 43,2 Tage. Schließlich kann eine **Probe** vorgenommen werden: Die Umschlagshäufigkeit (8,3) wird mit der Reichweite (43,2) multipliziert. Das Ergebnis von 360 ergibt die Kalendertage eines gesamten Jahres.

$$43,2 \text{ Tage} = \frac{\text{Bestand } (60.000.000 \text{ €}) \times 360 \text{ Tage}}{\text{Umsatz } (500.000.000 \text{ €})}$$

Die Heranziehung einer **vergangenheitsfokussierten Reichweite** bietet sich für Unternehmungen an, deren Geschäft saisonalen, trendgetriebenen oder konjunkturbedingten Schwankungen unterworfen ist. Der vergangene Verbrauch bezieht sich auf die im Rahmen einer Fertigung oder Montage bereits verbauten Vorräte.

$$\text{Interne Reichweite des Lagers (retrospektiv)} = \frac{\text{Bestand}}{\text{Verbrauch}}$$

Ein Bedarf ermittelt sich hingegen bei der **zukunftsorientierten Reichweite** aus den Liefer- und den Feinabrufen. Für „schwierige" Kunden, die ihre Bestellungen häufig ändern, und somit nur über eine geringe Absatzprognosegenauigkeit verfügen, ist die Bestandssteuerung über eine zukunftsgerichtete Reichweite jedoch nicht empfehlenswert.

$$\text{Interne Reichweite des Lagers (prospektiv)} = \frac{\text{Bestand}}{\text{Bedarf}}$$

Die Lagerumschlagshäufigkeit und die Lagerreichweite sind zwei wichtige Indikatoren zur Leistungsmessung des Warehouse Managements. In den nachstehenden Definitionsblöcken werden zusätzliche generische Kennzahlen diskutiert, welche das **Lagerwesen** flankieren (vgl. insbesondere Krüger 2011, S. 95; Schulte 2013, S. 652 ff.).

Eine wichtige Einflusskomponente der Lagerbewirtschaftung sind die Handlingskosten. Opportunitätskosten (entgangene Zinsgewinne) und Fehlmengenkosten (auf Grund von Unterbeständen) werden bei der Ermittlung des Lagerkostensatzes hingegen nicht berücksichtigt. Darunter leidet die Aussagekraft dieser Kennzahl. Folglich sollte die konventionelle Berechnung von **Lagerkostensätzen** (die Division von Lagerkosten zu durchschnittlichen Lagerbeständen) um Zinskosten und Fehlmengenkosten erweitert werden.

	Kostensatz Lagerung
+	Zinssatz (des gebundenen Kapitals)
±	Kosten für Fehlmengen
=	Kostensatz Lagerung erweitert

Der **Flächennutzungsgrad** ist ein Indikator für die Fixkostenbelastung des Lagers: Ein geringer Flächenauslastungsgrad (hervorgerufen durch hohe Leerstandraten) zeugt von einer überproportionalen Fixkostenbelastung durch Mieten oder

Abschreibungen. Die Fixkosten werden nämlich auf relativ wenige Produktionsein-
heiten umgelegt. Außerdem weist ein ausgeprägter Flächennutzungsgrad vielfach
auf die Notwendigkeit zur Lagererweiterung oder zum Outsourcing hin.

$$\text{Flächennutzungsgrad (\%)} = \frac{\text{Auslastung Lager (belegte Fläche Regal)} \times 100}{\text{Kapazität Lager (Gesamtfläche)}}$$

Mit Hilfe des **Lagerflächenanteils** wird die Bedeutung einer Lagerfläche ermittelt.
Nach *Schulte* (vgl. Schulte 2001, S. 484) liegt die Relation der Fertigungsfläche
zur Lagerfläche in der Praxis zumeist zwischen 0,6 und 1,6. Mit einer Verringe-
rung der Lagerfläche, wird die verbesserte Flächennutzung erreicht, welche zur
Effizienzsteigerung der Produktionssteuerung führt.

$$\text{Lagerflächenanteil (\%)} = \frac{\text{Fläche Fertigung} \times 100}{\text{Fläche Lager}}$$

Die Kennzahl **Vorratsquote** ist eine Hybridgröße und steht zwischen den Welten
der Logistik („Anzahl bevorrateter Güter" im Zähler) und des Einkaufs („Anzahl
beschaffter Artikel" im Nenner). Der Nachteil dieser Größe ist, dass sie zwar über
die Menge bevorrateter wie beschaffter Artikel Aufschluss gibt, doch deren jeweiligen Wert vernachlässigt. Deshalb ist dieser Leistungsindikator möglichst um die
Reichweite oder die Turn Rate zu ergänzen.

$$\text{Vorratsquote (\%)} = \frac{\text{Anzahl bevorrateter Güter} \times 100}{\text{Anzahl beschaffter Artikel}}$$

Im Anschluss an die Darstellung generischer Kennzahlen des Warehouse Managements, erfolgt in den weiteren Ausführungen eine Diskussion ausgewählter
generischer Indikatoren einer **Kommissionierung** (vgl. die nachstehenden Definitionsblöcke „Kommissionierpositionen pro Auftrag" und „Automatisierungsgrad
der Kommissionierung"). Den Manager einer jeweiligen Wertschöpfungskette
interessiert nicht nur die bloße **Anzahl der Kommissionierungen** an sich, sondern auch deren Zuordnung pro Auftrag: Um beispielsweise auf Basis dieser
Informationen spätere durchschnittliche Bearbeitungszeiten pro Mitarbeiter zu
errechnen.

$$\text{Picks pro Auftrag} = \frac{\text{Picks insgesamt}}{\text{Anzahl Aufträge}}$$

Die Kennzahl **Automatisierungsgrad der Kommissionierung** gibt Aufschluss
über den Anteil „händischen" Eingreifens im Rahmen der Bereitstellung. Ein

niedriger Automatisierungsgrad in der Bereitstellung lässt auf hohe Personal- und Handlingskosten für Pickvorgänge schließen.

$$\text{Automatisierungsgrad Kommissionierung} = \frac{\text{Picks automatisiert} \times 100}{\text{Picks insgesamt}}$$

Schließlich sind für das Segment Throughput noch die generischen Key Performance Indicators einer **Produktion** zu untersuchen. Die erste hier vorgestellte Kennzahl „Flächenanteil der Verkehrswege" stellt den direkten Übergang zum zuvor charakterisierten Bereich der Kommissionierung dar (diese Größe könnte ebenso unter die Bereitstellung gefasst sein).

Je großzügiger die **Flächenanteile der Verkehrswege** in der Halle gewählt werden, desto weniger Raum steht für die Produktion und die Logistik zur Verfügung. Über Simulationen lassen sich die Verkehrswege im Lagerbereich optimieren.

$$\text{Flächenanteil (\%)} = \frac{\text{Fläche der Verkehrswege} \times 100}{\text{Fläche Produktion}}$$

Die **Fertigungstiefe** beziffert den Anteil der Selbsterstellung (Eigenfertigung) am Umsatz. Anders ausgedrückt, gibt sie die Rate für ein Outsourcing (Offshoring) einer Organisation an. Zur Ermittlung der Wertschöpfung sind die Vor- und die Fremdleistungen von den selbst erstellten Leistungen zu subtrahieren.

$$\text{Fertigungstiefe (\%)} = \frac{\text{Wertschöpfung} \times 100}{\text{Umsatz}}$$

Eine **Upside Production Flexibility** (Lieferflexibilität) ist integrativer Bestandteil von SCOR. Sie bemisst die Zeitspanne in Tagen, welche eine Unternehmung zur Befriedigung eines ungeplanten Nachfrageschubs benötigt. SCOR geht von einer nicht vorhersehbaren Steigerung der Kundenbestellungen um 20 % aus. Kennzahlenvergleiche zeigen auf, dass in Zeiten moderner IT – verbunden mit den Möglichkeiten zur unternehmungsübergreifenden Kommunikation – die Marktpartner zur Befriedigung der plötzlichen Nachfrage nur noch wenige Wochen benötigen.

Ende der fünfziger Jahre maß Forrester (**Forrester-Aufschaukelung**), dass Organisationen circa ein Jahr daran arbeiteten, um auf einen ungeplanten Nachfrageschub adäquat zu reagieren. Der **Bullwhip-Effekt** ist mit Hilfe moderner IT (welche einem verbesserten Informationstransfer zwischen den Partnern dient) demnach zwar nicht gänzlich besiegt, sondern allenfalls eingedämmt worden. Ein Bullwhip-Effekt beschreibt den logistischen Peitschenschlag: Über die Stufen einer Logistikkette schaukeln sich Bestände stufenweise hoch. Angebot und Nachfrage befinden sich nicht im Abgleich. Mögliche Gründe für das Entstehen eines logistischen Peitschenschlags liegen in fehlerhaften Absatzprognosen, sprunghaftem Bestellverhalten der Kunden (zum Beispiel über Verkaufsförderungsmaßnahmen hervorgerufen), angesammelten Bestellvorgängen sowie forcierten Rabattaktionen des Handels.

$$\text{Upside Production Flexibility (\%)} = \text{Zeitspanne in Tagen, zur Deckung einer nicht geplanten Steigerung der Nachfrage von 20\%}$$

Nicht nur die Kennzahlen der Versorgung dienen zur Bewertung von Produktionsprozessen. Auch KPIs für Entsorgung und Recycling finden hier Einsatz. So beispielsweise die **Recyclingquote**. Mit ihr ist der Anteil verwendeter oder verwerteter Materialien zu ermitteln, welche in den Produktionsprozess zurückgeführt werden. In manchen Branchen steigt dieser Wert, auf Grund der Verknappung oder der Verteuerung von Ressourcen, fast automatisch (Green Supply Chains).

$$\text{Recyclingquote} = \frac{\text{Anteil recyceltes Material} \times 100}{\text{Materialverbrauch insgesamt}}$$

3.2.2.2 Produktivitäts- und Wirtschaftlichkeitskennzahlen

Die Inhalte dieses Gliederungsabschnitts widmen sich dem **Feld II.2** der Kennzahlentypologie. Hier treffen die beiden Dimensionen „Throughput" sowie „Produktivitäts- und Wirtschaftlichkeitskennzahlen" aufeinander. Im ersten Schritt werden diverse **Lagerkennzahlen** dieses Segments beschrieben. Im Anschluss findet eine nähere Untersuchung von KPIs der Kommissionierung und der Produktion statt.

Mit der Kennzahl **Lagerbewegungen je Mitarbeiter** wird die Produktivität der Mitarbeiter des Lagers bewertet. Für ein Benchmarking über diese Kennzahl ist zu beachten, dass den Mitarbeitern sehr unterschiedliche Hilfsmittel (Förderzeuge) zur Verfügung stehen können, wodurch die Gefahr „Äpfel mit Birnen" zu vergleichen, latent vorhanden ist.

$$\text{Lagerbewegungen je Mitarbeiter} = \frac{\text{Anzahl Lagerbewegungen insgesamt}}{\text{Anzahl Mitarbeiter im Lager}}$$

Der **Raumnutzungsgrad** zeigt an, wie effizient die zur Verfügung stehende Lagerfläche in Anspruch genommen wird. Ein wesentlicher Einflussfaktor ist der Stapelfaktor der Waren selbst oder ihrer Verpackungsträger. Als wesentliche Entscheidungsalternativen bieten sich Großladungsträger oder Kleinladungsträger an.

$$\text{Raumnutzungsgrad des Lagers (\%)} = \frac{\text{Lagergutvolumen} \times 100}{\text{Lagerraumvolumen}}$$

Die **durchschnittlichen Lagerplatzkosten** ermitteln die Wirtschaftlichkeit des Lagers. Allerdings sollte diese Kennzahl mit dem Raumnutzungsgrad (vgl. oben) kombiniert berechnet werden, da ansonsten das Volumen der zur Verfügung stehenden Lagerplätze im Verborgenen verweilt.

$$\text{Durchschnittliche Lagerplatzkosten} = \frac{\text{Kosten Interieur Lager insgesamt}}{\text{Lagerplätze insgesamt}}$$

Der Zähler der Kennzahl **Kosten pro Lagerbewegung** leitet sich insbesondere aus Personal- und Sachkosten der Lagerwirtschaft ab. Im Kern gibt der Indikator an, welche Aufträge in ihrer Art oder Größe besonders hohe Kosten verursachen.

$$\text{Kosten pro Lagerbewegung} = \frac{\text{Kosten Lager}}{\text{Zugang Lager/Abgang Lager}}$$

Im Anschluss an die Kennzeichnung ausgewählter Lagerkennzahlen, werden nachstehend Key Performance Indicators für eine **Kommissionierung** diskutiert, welche zur Bestimmung von Produktivitäten oder Wirtschaftlichkeiten dienen. Die im Folgenden dargestellten Kennzahlen sind Kommissionierungen je Mitarbeiter, Kommissionieraufträge pro Mitarbeiter sowie Kosten pro Kommissionierauftrag.

Ein Kommissioniervorgang wird auch als „Picken" bezeichnet. Daher ist die folgende Kennzahl synonym als **Picks pro Mitarbeiter** bekannt. Sie misst die Produktivität der Mitarbeiter des Lagers. In Kombination mit dem Automatisierungsgrad, der auch pro Mitarbeiter gemessen werden kann (vgl. oben), gewinnt diese Größe an Gewicht.

$$\text{Picks je Mitarbeiter} = \frac{\text{Picks} \times 100}{\text{Mitarbeiter Lager}}$$

Als Ergänzung zu den „Picks pro Mitarbeiter", dient der Key Performance Indicator **Kommissionieraufträge pro Mitarbeiter**. Die Kennzahl misst die abgearbeiteten Aufträge je Mitarbeiter. Und sie gibt Aufschluss über den Umfang eingehender Kundenbestellungen.

$$\text{Kommissionierungsaufträge je Mitarbeiter} = \frac{\text{Picks bearbeitet je Mitarbeiter}}{\text{Mitarbeiter Lager}}$$

Wie wirtschaftlich gestaltet sich ein jeweiliger Kommissioniervorgang? Mit Hilfe der **Kosten pro Kommissionierauftrag** wird eine Antwort auf diese Frage gegeben. Dabei ist zu beachten, dass die Komplexität und die Kompliziertheit eines Kommissionierauftrags signifikanten Einfluss auf die Kostenstruktur dieser Aktivität ausüben.

$$\text{Kosten pro Kommissionierungsauftrag} = \frac{\text{Kosten Bereitstellung insgesamt}}{\text{Anzahl Aufträge Bereitstellung}}$$

Schließlich sind die Produktivitäten und die Wirtschaftlichkeiten einer im Anschluss an die Kommissionierung stattfindenden **Produktion** zu messen. Die erste Kennzahl zur Leistungsbewertung in dem betrachteten Segment ist die **Anzahl der bearbeiteten Auftragseingänge je Mitarbeiter**. Diese Größe gibt Aufschluss hinsichtlich der Produktivität und des Auslastungsgrads von Mitarbeitern innerhalb der Disposition. Für einen Kennzahlenvergleich ist zu berücksichtigen, dass die Anzahl der bearbeiteten Aufträge gegebenenfalls stark vom jeweiligen Interieur und dem Automatisierungsgrad des Arbeitsplatzes abhängt (beispielsweise der jeweiligen informationstechnologischen Ausstattung der Arbeitsstätte).

$$\text{Auftragseingänge bearbeitet pro Mitarbeiter} = \frac{\text{Bearbeitete Aufträge je Mitarbeiter}}{\text{Mitarbeiter Auftragsabwicklung}}$$

Ergänzend zur Größe „Anzahl bearbeiteter Auftragseingänge pro Mitarbeiter", dient die **Häufigkeit gepflegter Bestandskonten je Mitarbeiter** zur Aufdeckung von Produktivitäten der Disposition. Die einzelnen Auftragseingänge können vom Umfang her sehr verschieden sein. Zur Nivellierung dieses Ungleichgewichts, wird die Anzahl der durch einen Mitarbeiter gepflegten Bestandskonten *simultan* in die Analyse einbezogen.

$$\text{Gepflegte Bestandskonten je Mitarbeiter} = \frac{\text{Bestandskonten insgesamt}}{\text{Mitarbeiter zur Bestandsführung}}$$

Eine **Maschinennutzungsintensität** bemisst die Arbeitsproduktivität innerhalb einer Supply Chain. Sie ist als Indikator für die Auslastung der Potenzialfaktoren einer Unternehmung zu verstehen. Die Größe gewinnt an Aussagekraft, indem sie mit dem Werttreiber „Reparaturzeit pro Maschine" in Kombination betrachtet wird.

$$\text{Maschinennutzungsintensität} = \frac{\text{Menge Produktion}}{\text{Maschineneinsat (Stunden)}}$$

Mit Hilfe der **Bearbeitungskosten pro Auftragseingang** wird die Wirtschaftlichkeit einer Produktionssteuerung bewertet. Sie kann zur Kosten-Nutzen-Bestimmung der Auftragsabwicklung dienen. Dazu sind die Bearbeitungskosten eines Auftragseingangs im Idealfall in eine Transaktionskostenanalyse einzubeziehen.

$$\text{Bearbeitungskosten pro Auftragseingang} = \frac{\text{Kosten Abwicklung je Auftrag}}{\text{Auftragseingänge bearbeitet}}$$

Überproportional hohe **Kosten je Dispositionsaktivität** (diese Kennzahl wird synonym „Kosten je Bestellung" genannt) zeugen von einer wenig wirtschaftlichen

Produktionsplanung. Dieses Manko kann durch Ineffizienzen im Einsatz technologischer Ressourcen (wie IT) oder in einer mangelnden Kommunikation mit benachbarten Funktionsbereichen begründet liegen.

$$\text{Kosten je Dispositionsaktivität} = \frac{\text{Kosten Bestellungen}}{\text{Anzahl Bestellungen}}$$

Schließlich wird die Kennzahl **Bearbeitungskosten je Produktionsauftrag** vorzugsweise im Rahmen einer Prozesskostenermittlung herangezogen. Für Kennzahlenvergleiche gilt jedoch, dass unterschiedliche Heterogenitäten der Fertigungsstrukturen signifikanten Einfluss auf die Bearbeitungskosten von Fertigungsaufträgen ausüben.

$$\text{Bearbeitungskosten je Produktionsauftrag} = \frac{\text{Kosten Bearbeitung insgesamt}}{\text{Anzahl Aufträge Produktion}}$$

3.2.2.3 Qualitäts- und Servicekennzahlen

Wie unter Gliederungsabschnitt 3.2 ff. aufgezeigt wurde, vereinen sich in dem **Feld II.**3 der Kennzahlenmatrix die beiden Dimensionen „Throughput" sowie „Qualitäts- und Servicekennzahlen". Unter Beibehaltung der bisherigen Vorgehensweise, sind zunächst Kennzahlen der **Lagerung** zu nennen. Nach deren Diskussion, erfolgt die Einordnung von Schlüsselkennzahlen der Kommissionierung in dieses Feld der Matrix. Der Abschluss dieser Ausführungen widmet sich den Fertigungskennzahlen.

Auf Basis der vergangenheitsorientierten Reichweite, werden Bestände in die drei Bereiche „gängig", „zum Teil ungängig" (Excess) sowie „völlig ungängig" (Obsolete) dekomponiert. Die Kennzahl **Excess-and-Obsolete-Ratio** gibt dabei, basierend auf der vergangenheitsbezogenen Lagerreichweite, den Anteil sich nur langsam umschlagender oder gar nicht mehr drehender Vorräte an. Im schlimmsten Fall droht eine **Verschrottung** dieser Sachnummern, welche sich zu Lasten des EBIT niederschlägt. Die Excess-and-Obsolete-Ratio (quantitative Betrachtung) sollte um Gründe für die Entstehung dieser Ungängigkeiten ergänzt werden (qualitative Betrachtung).

$$\text{Ungängigkeit (\%)} = \frac{\text{Ungängiger Bestand} \times 100}{\text{Gesamtbestand}}$$

Ein **Lagerverlust** entsteht insbesondere durch Schwund und Verderb. Diebstahl und mangelhaft gekühlte Waren sind symptomatisch für einen *Schwund* an Vorräten. Insbesondere der Handel leidet unter *verderblichen* Waren (Obst und Gemüse).

$$\text{Lagerverlust pro Periode (\%)} = \frac{\text{Verlust an Lagerbestand} \times 100}{\text{Gesamtbestand}}$$

Nachdem einige Kennzahlen der Lagerung genannt wurden, sind in der Folge Werttreiber der **Kommissionierung** herauszuarbeiten. Diese sind einerseits in den Bereich Supply-Chain-Throughput einzuordnen. Andererseits handelt es sich um Qualitäts- oder Servicekennzahlen. Dazu werden nachstehend drei KPIs näher betrachtet: Der interne Servicegrad, die interne Zurückweisungsquote und die interne Verzögerungsquote.

Diese Größen wurden als Qualitäts- und Servicekennzahlen des Inputs (der Beschaffung) in Feld I.3 der Matrix bereits vorgestellt und dort, unter dem Blickwinkel des externen Lieferantenbezugs, beschrieben. Unter diesem Gliederungspunkt erfolgt nun die umgekehrte Leistungsmessung von Supply-Chain-Indikatoren in Richtung Kunde.

Im Rahmen der Berechnung des **internen Servicegrads**, sind zeitliche, mengenmäßige und qualitative Defizite der Kommissionierung in Richtung Kunde denkbar. Doch auch örtliche Fehler können im Rahmen der Bereitstellung auftreten: Wie die defizitäre Zuordnung von Materialien zu ihren Bereitstellungszonen.

$$\text{Interner Servicegrad (\%)} = \frac{\text{Auftragsgerechte Kommissionierungen} \times 100}{\text{Kommissionierungen insgesamt}}$$

Die **interne Zurückweisungsquote** ist eine Sub-Kennzahl des internen Servicegrads. Viele Fehler der Kommissionierung werden in der folgenden Produktion per se aufgedeckt, indem sie diese „ausbremsen" und vielleicht sogar einen Bandstillstand heraufbeschwören. Besonders problematisch sind schleichende Kommissionierungsfehler, die erst nach der Warenauslieferung zum Kunden aufgedeckt werden (und zu Retouren führen).

$$\text{Interne Zurückweisungen (\%)} = \frac{\text{Abgewiesene Kommissionierungen}}{\text{Kommissionierungen insgesamt}}$$

Weiterhin steht die **interne Verzögerungsquote** für verspätete Produktionsprozesse, die – auf Grund einer fehlerhaften Kommissionierung – nicht rechtzeitig eingeleitet werden. Folglich führen Bereitstellungsfehler häufig zu eingeschränkten Belegungszeiten der Maschinen.

$$\text{Interne Back Logs (\%)} = \frac{\text{Verspätete Produktionsstunden} \times 100}{\text{Produktionsstunden insgesamt}}$$

Abschließend werden unter diesem Gliederungspunkt die Qualitäts- und die Servicekennzahlen einer **Produktion** aufgelistet. Die erste diesbezüglich diskutierte

Größe ist die **Verbrauchsabweichung**. Sie ist ein wichtiger Vertreter der Leistungsmessung qualitätsgetriebener Produktionsvorgänge. Signifikante Verbrauchsab-
weichungen sind Indikatoren für Ineffizienzen entlang des Fertigungsprozesses
und belasten den EBIT direkt (voll ergebniswirksam).

$$\text{Verbrauchsabweichung (\%)} = \frac{\text{Tatsächlicher Verbrauchswert} \times 100}{\text{Geplanter Verbrauchswert}}$$

Überproportional hohe Raten für **Ausschuss und Nacharbeit** (Scrap and Rework)
sind Spiegelbilder für Fertigungsdefizite. Allerdings besagen diese Kennzahlen
nicht, an *welcher* Produktionsstufe der Fehler aufgetreten ist.

$$\text{Quote Ausschuss oder Nacharbeit (\%)} = \frac{\text{Ausfallzeit pro Maschine} \times 100}{\text{Gesamtlaufzeit pro Maschine}}$$

Ausfallzeiten (auch „Brachzeiten" genannt) und **Reparaturzeiten** der Maschinen
mindern die Produktivität innerhalb einer Wertschöpfungskette. Allerdings erlaubt
diese Größe keine Aussage über die Gründe eines potenziellen Bandstillstands. Um
den Aussagegehalt der Kennzahlen zu steigern, sind zusätzlich Ausfallkosten oder
Reparaturkosten (vgl. unten) von Maschinen zu ermitteln.

$$\text{Ausfallzeit pro Maschine(\%)} = \frac{\text{Ausfallzeit pro Maschine} \times 100}{\text{Gesamtlaufzeit pro Maschine}}$$

Der Leistungstreiber **Ausfall-/Reparaturkosten pro Maschine** ist eine direkte
Ergänzung der oben beschriebenen Kennzahl Ausfallzeit (Reparaturzeit) pro Ma-
schine. Durch eine Kombination beider Indikatoren wird eine simultane Zeit- *und*
Kostenbetrachtung ermöglicht.

$$\text{Ausfallkosten pro Maschine} = \frac{\text{Ausfallkosten pro Maschine} \times 100}{\text{Gesamtkosten pro Maschine}}$$

3.2.3 Output: Kennzahlen der Distribution

Der Bereich Output richtet sich zum externen Kunden aus. Moderne Lieferketten orientieren sich häufig am Pullprinzip („Make-to-Order" oder „Engineer-
to-Order"). Der Wertschöpfungsbeitrag dieses Bereichs ist ausgeprägt, da die
Bestandsveredelung bereits abgeschlossen ist. Für den Output sind Fertigwarenbestände symptomatisch. Zu den Kennzahlen der Distribution vgl. Cohen und

Roussel 2006, S. 310 ff.; Gunasekaran et al. 2001, S. 80 ff.; Krüger 2011, S. 147; Schulte 2001, S. 484 ff.; Schulte 2013, S. 659; Strigl et al. 2004, S. 171 ff. Eine vornehmliche Aufgabe des Supply Chain Managements besteht in einer adäquaten **Warenzustellung in Richtung Kunde**. Diesbezüglich führt eine geringe Absatzprognosegenauigkeit (beispielsweise auf Grund kurzfristiger Nachfrageschwankungen) zu Ineffizienzen in Supply Chains. Deren Folge sind zumeist Vorratserhöhungen. Für den Hersteller besteht die Gretchenfrage im Ausloten des latenten Balanceakts zwischen hohem Servicegrad (um auch ungeplante Nachfrageschübe befriedigen zu können) und niedrigem Lagerbestand.

Es sei an dieser Stelle erwähnt, dass unter dem Begriff „Kunde" nicht zwangsweise der Endverbraucher zu verstehen ist (B2C-Anbindung). Auch zwischengeschaltete Handelsstufen (B2B-Abwicklung, wie der Einzel- oder der Großhandel) stellen ausgewählte Formen einer Kundenanbindung dar. Die Kennzahlen des Outputs werden, analog der bisherigen Ausführungen, in die drei Bereiche generische Kennzahlen, Produktivitäts- und Wirtschaftlichkeitskennzahlen sowie Qualitäts- und Servicekennzahlen untergliedert.

3.2.3.1 Generische Kennzahlen

Auf Basis der Kennzahlentypologie, beziehen sich die generischen Kennzahlen einer Distribution auf das **Feld III.1**. Wie auch für die Segmente Input und Throughput, sind für den Output zunächst absolute **generische** Key Performance Indicators anzugeben. Der folgende Kennzahlenblock zeigt diese Größen in übersichtlicher Form auf.

Kundenanzahl (aktuell/potenziell)
Anzahl Auslieferungen
Anzahl (Zwischen-) Lagerstätten
Auftragsvolumen
Entfernung zwischen Lagerstufen
Anzahl Lieferanten

Zu den relativen generischen Kennzahlen der Distribution zählen: Umsatz pro Kunde, Eigentransportquote, Order Fulfillment Time, Durchlaufzeit sowie Lagerumschlag Fertigwarenbestand. In dieser Reihenfolge werden die Indikatoren unten beschrieben.

Der **Umsatz pro Kunde** bemisst die Bedeutung des Abnehmers, und er ist für aktuelle wie potenzielle Kunden zu berechnen. Dieser KPI stellt eine wichtige Kennzahl des Category Managements dar. Allerdings erfasst diese Größe nicht die Kosten, welche in eine diesbezügliche Analyse einzubeziehen wären. Daher ist der

Umsatz pro Kunde möglichst zum *Deckungsbeitrag pro Kunde* zu modifizieren. Im B2B-Bereich ist dieser Indikator recht einfach zu berechnen. Sehr viel schwieriger fällt dies für B2C-Abwicklungen.

$$\text{Umsatz pro Kunde (\%)} = \frac{\text{Gesamtumsatz}}{\text{Kundenanzahl}}$$

Die **Eigentransportquote** ist ein wichtiger Leistungstreiber des Flottenmanagement (*Fleet*). Sie gibt den Prozentsatz der Eigentransporte in Richtung Kunde an. Jedoch blendet dieser Key Performance Indicator die jeweils distribuierte Menge aus.

$$\text{Eigentransportquote} = \frac{\text{Anzahl Eigentransporte} \times 100}{\text{Anzahl Fremdtransporte}}$$

Im Rahmen der Ermittlung einer Liefervorlaufzeit **(Order Fulfillment Time)** ist im Rahmen der Warendisposition die Wiederbeschaffungszeit zu beachten. In diesen Key Performance Indicator können – quasi als Unterkennzahlen – die Größen „Perfect Order Fulfillment" sowie „Fill Rate" einfließen. Mit Hilfe der *Lieferbeschaffenheit* (Perfect Order Fulfillment) wird eine Lieferung, neben ihrer zeitlichen Treue, über weitere Faktoren gemessen, die einem Kunden Grund zur Beanstandung geben könnten (Mengen, Spezifikationen, Dokumentationen, Beschädigungen). Die *Lieferbereitschaft* (Fill Rate) gibt hingegen an, inwieweit ein Anbieter in der Lage ist, direkt aus seinem Lager zu distribuieren. Folglich befindet sich eine Fill Rate in einem kontinuierlichen Spannungsfeld zwischen drohenden Lieferengpässen und kapitalintensiver Lagerbevorratung (Opportunitätskosten).

Liefervorlaufzeit = Zeitspanne in Stunden (Tagen/Wochen) zur kompletten Bearbeitung eines Auftrags des Kunden

Die totale **Durchlaufzeit** (Total Cycle Time) bemisst sich vom Auftragseingang bis zur Warendistribution. In diese Kennzahl geht die reine Produktionszeit ein, welche synonym als „Durchlaufzeit im engen Sinn" bezeichnet wird. Als Stellhebel der Durchlaufzeit sind eigentliche Produktionszeiten, Rüstzeiten, Ausfallzeiten, Liegezeiten, Lagerzeiten oder Bereitstellungszeiten zu nennen.

Durchlaufzeit = Zeitspanne in Stunden/Tagen/Wochen) vom Eingang des Auftrags, bis zur Verteilung der Waren.

Eine Zunahme an Fertigwarenbeständen erhöht tendenziell die Flexibilität von Unternehmungen, um rasche Reaktionen auf unerwartete Kundennachfragen bieten zu können. Dieser Zugewinn an Servicegrad wird jedoch – auf Grund einer gesteigerten Kapitalbindung – vielfach recht teuer erkauft. Dieser Zusammenhang kann mit dem **Lagerumschlag Fertigwarenbestand** gemessen werden.

$$\text{Lagerumschlag Fertigwarenbestand} = \frac{\text{Umsatz (Umsatzkosten)}}{\text{Fertigwarenbestand}}$$

3.2.3.2 Produktivitäts- und Wirtschaftlichkeitskennzahlen

In dem **Feld III.**2 der Kennzahlentypologie des Supply Chain Managements vereinen sich die beiden Dimensionen Output sowie Kennzahlen zur Messung von **Produktivitäten und Wirtschaftlichkeiten.** Diesbezüglich findet zunächst eine nähere Beschreibung der Auftragsabwicklungsquote statt.

Die **Auftragsabwicklungsquote** dient einer Ermittlung der Produktivität von Mitarbeitern der Disposition. Eine Modifizierung oder Ergänzung erfährt dieser Werttreiber, indem im Zähler die Anzahl bearbeiteter Auftrags*positionen* Berücksichtigung findet.

$$\text{Auftragsabwicklungsquote (\%)} = \frac{\text{Bearbeitete Aufträge} \times 100}{\text{Mitarbeiter Auftragsdisposition}}$$

Eine **Versandabwicklungsquote** erhöht den Aussagewert der zuvor diskutierten Auftragsabwicklungsquote. Denn ein abgewickelter Auftrag muss auch zu seiner späteren Versendung gelangen. Doch das bloße Wissen um die Quote von Versendungen besagt nichts hinsichtlich der Schwierigkeiten von Distributionsvorgängen.

$$\text{Versandabwicklungsquote (\%)} = \frac{\text{Anzahl Sendungen} \times 100}{\text{Arbeitstage}}$$

Die nächste herangezogene Kennzahl misst den Kapazitätsauslastungsgrad interner wie externer Transportmittel und Förderzeuge. Mit steigendem **Transportmittelnutzungsgrad** verbessert sich die Fixkostenverteilung durchgeführter Distributionsvorgänge (Skaleneffekt).

$$\text{Transportmittelnutzungsgrad} = \frac{\text{Tatsächliches Transportvolumen}}{\text{Mögliches Transportvolumen}}$$

Mit Hilfe der **Auftragsabwicklungskosten** wird die Wirtschaftlichkeit innerhalb der Distribution gemessen. Mögliche *Kostentreiber* der Auftragsabwicklung sind Personalkosten, IT-Kosten (inklusive Abschreibungen), Mieten und Energiekosten.

$$\text{Auftragsabwicklungskosten} = \frac{\text{Gesamtkosten Auftragsabwicklung}}{\text{Umsatz (pro Monat/pro Jahr)}}$$

Eine weitere Alternative zur Messung der Wirtschaftlichkeit des Outputs liefert die **Versandkostenquote**. Sie dient – insbesondere in Kombination mit den zuvor charakterisierten Auftragsabwicklungskosten – zur Steigerung der Transparenz innerhalb der Distribution. Jedoch empfiehlt es sich, diese kostenfokussierte Betrachtung um Mengenangaben zu ergänzen.

3.2.3.3 Qualitäts- und Servicekennzahlen

Den Abschluss der Beschreibung von Output- Werttreibern innerhalb einer Supply Chain bilden die **Qualitäts- und Servicekennzahlen** (vgl. Feld III.3 in der Matrix zur Typisierung der Key Performance Indicators des Lieferkettenmanagements). Im Kern liegt eine reziproke Betrachtung der qualitäts- und serviceorientierten Kennzahlen des Inputs zu Grunde: Unter Feld I.3 wurde die Lieferantenleistung über Qualitäts- und Servicegrößen gemessen. Unter diesem Gliederungspunkt findet eine Umkehrung dieser Analyse statt. Jetzt wird die Liefergüte des Herstellers selbst durch seine Kunden bewertet.

Bezüglich ihrer **Messbarkeit** unterscheiden sich allerdings die Qualitäts- und Servicekennzahlen zwischen Beschaffung und Distribution. Die Bestimmung der Lieferantenperformanz bereitet keine größeren Probleme, da ein Hersteller die eingehende Leistung seiner Lieferanten jederzeit direkt messen kann. Umgekehrt ist der Hersteller bei der Bewertung seiner ausgehenden Lieferleistung auf das Feedback des Kunden angewiesen. Erfolgt keine Rückkoppelung, geht der Hersteller in der Regel davon aus, dass seine Lieferung auftragsgemäß abgewickelt wurde.

Der ausgehende **Lieferservicegrad** beschreibt den Prozentsatz von Warensendungen in Richtung Kunde hinsichtlich ihrer zeitlichen, mengenmäßigen und qualitativen Güte.

$$\text{Lieferservicegrad (\%)} = \frac{\text{Auftragsgerechte Auslieferpositionen} \times 100}{\text{Auslieferposition insgesamt}}$$

Eine **Zurückweisungsquote** ermittelt den Prozentsatz an Auslieferungen bezüglich qualitativer, quantitativer oder zeitlicher Defizite der Auslieferungsleistung.

$$\text{Zurückweisungsquote (\%)} = \frac{\text{Zurückgewiesene Auslieferungen} \times 100}{\text{Ausgehende Lieferungen insgesamt}}$$

Die **Verzögerungsquote** zielt ausschließlich auf die *zeitliche* Güte ausgehender Warenlieferungen. Sie bemisst den Prozentsatz verspäteter Distributionsvorgänge.

$$\text{Verzögerungsquote (\%)} = \frac{\text{Verspätete Auslieferungen} \times 100}{\text{Ausgehende Lieferungen insgesamt}}$$

3.2.4   Payment: Kennzahlen der Finanzprozesse

Im Rahmen der Charakterisierung des Supply Chain Managements im Allgemeinen, wie auch bei der Beschreibung des Order-to-Payment-S im Besonderen, wurde deutlich, dass ein zeitgemäßes Lieferkettenmanagement die Finanzströme explizit erfasst. Moderne Supply Chains zielen darauf, die **Opportunitätskosten** (entgangene Gewinne) zu reduzieren.

Diesbezüglich fordern die Hersteller möglichst zeitnahe Zahlungseingänge bezüglich ihrer Kundenrechnungen ein. Der Erfolg dieses Strebens hängt jedoch sehr stark von der jeweiligen Machtkonstellation einer Lieferanten-Kunden-Beziehung ab. Bleiben die Kundenzahlungen über Wochen oder gar Monate aus, findet durch den Hersteller eine Art Vorfinanzierung in Richtung Kunde statt: Es wird quasi ein zinsloser Kredit gewährt.

Bei näherer Betrachtung von Kennzahlen und Kennzahlensystemen der Supply Chain fällt auf, dass sich diese den Finanzströmen kaum oder gar nicht widmen (vgl. Krüger 2011; Ossola-Haring 2006; Reichmann 2011; Schulte 2001; Schulte 2013). In diese **Lücke** stößt die vorliegende Kennzahlentypologie.

Unter Berücksichtigung dieses Wissens werden im Folgenden einige Kennzahlen des Supply Chain Ma-nagements näher gewürdigt, welche zur **Bewertung von Finanzströmen** dienen. Analog zu den bisherigen Ausführungen zur Kennzahlentypologie, sind diese Größen in die drei Felder generische Kennzahlen, Produktivitäts- und Wirtschaftlichkeitskennzahlen sowie Qualitäts- und Servicekennzahlen einzuteilen.

3.2.4.1   Generische Kennzahlen

Zu den **generischen Größen** der Finanzströme einer Supply Chain zählen insbesondere Supply Chain-Kosten, Skontoquote, Rabattstruktur, Bestellobligo, Liquidität, erweiterter Cash Flow, Working Capital, Cash-to-Cash-Cycle, Economic Value Added (EVA) und Return on Capital Employed (ROCE). In das **Feld IV.1** der Kennzahlenmatrix finden diese Indikatoren ihren Eingang (vgl. deren nähere Kennzeichnung unten).

Die gesamten **Supply Chain-Kosten** sind in Relation des Umsatzes zu messen. Eine absolute Erhöhung der Umsätze bedingt zumeist auch eine Zunahme an Supply Chain-Kosten. Bei der folgenden Definition ist zu beachten, dass die Auftragsabwicklungskosten, Materialbeschaffungskosten und Bestandskosten voll in die totalen Supply Chain-Kosten eingehen. Die Finanzierungskosten, Planungskosten wie auch IT-Kosten werden jedoch nur anteilig verrechnet. Als wesentlicher Treiber zu ihrer Bestimmung dient die *innerbetriebliche Leistungsverrechnung*. Doch stellt sich die Frage, welcher prozentuale Anteil dieser Kosten pro einzelne Organisation auf die Supply Chain umzulegen ist?

Insbesondere netzgerichtete **Kennzahlenvergleiche** hinsichtlich der gesamten Supply Chain-Kosten sind daher mit Vorsicht zu genießen. Die jeweilige Definition der Supply Chain-Kosten pro Partner ist diesbezüglich minutiös zu hinterfragen. Dennoch wird der Versuch unternommen, Richtwerte für die Praxis zu geben. Gemäß obiger Begriffsklärung erzielen branchenübergreifend Best-in-Class-Unternehmungen *Benchmarks* ihrer Supply Chain-Kosten zu den Umsätzen zwischen 4 % und 6 %. Durchschnittliche Unternehmungen pendeln sich diesbezüglich zwischen 8 % und 11 % ein (vgl. Werner 2013a, S. 55).

	Auftragsabwicklungskosten
+	Materialbeschaffungskosten
+	Bestandskosten
+	Finanzierungskosten (anteilig)
+	Planungskosten (anteilig)
+	IT - Kosten (anteilig)
=	Supply-Chain-Kosten

Die **Skontoquote** steht für den Anteil von Einkäufen mit Skontoabzug, welche mit der gesamten Anzahl getätigter Einkäufe einer Organisation in ein Verhältnis gesetzt werden. Mit diesem Key Performance Indicator ist zu überprüfen, ob bei der Bezahlung von Lieferantenrechnungen ein zustehender Skontobetrag verrechnet wurde. Zum Monitoring dieses Vorgangs bietet es sich an, die Zahlungsbedingungen innerhalb der Unternehmungen zu vereinheitlichen. Ansonsten müsste pro Rechnung überprüft werden, ob die Mitarbeiter im Rechnungswesen bei der Begleichung einer Lieferantenrechnung potenzielle Zahlungsabzüge auch wirklich realisiert haben (Prozesskostenaufblähung).

$$\text{Skontoquote (\%)} = \frac{\text{Einkäufe unter Abzug von Skonto} \times 100}{\text{Einkäufe insgesamt}}$$

Rabattierte Einkäufe werden insbesondere als Mengenrabatte, Umsatzrabatte, Treuerabatte, Saisonrabatte oder Sonderrabatte gewährt. Diese Kennzahl zeigt den Anteil der rabattierten Einkäufe im Verhältnis zu den insgesamt getätigten Einkäufen. Die Höhe der jeweils eingeräumten Rabatte wird mit dieser Größe jedoch nicht verdeutlicht. Eine Ergänzung der Kennzahl um diese Information wäre sehr wünschenswert.

$$\text{Rabattstruktur (\%)} = \frac{\text{Einkäufe mit Rabattgewährung} \times 100}{\text{Einkäufe insgesamt}}$$

Ein **Bestellobligo** beschreibt den Zahlungsausstand einer Unternehmung. Basierend auf einem hohen Bestellüberhang, könnte auf Dauer die Liquidität gefährdet sein: Es drohen überproportional hohe zukünftige Lieferantenverbindlichkeiten.

	Bestellbestand
+	Bestellwertzugang
+	Bestandskosten
-	Rechnungseingang (per Datum)
=	Bestellobligo

Die **Liquidität 3. Grades** ist ein geeigneter Indikator, um die Finanzströme in Wertschöpfungsnetzen zu bemessen. In die Ermittlung gehen nämlich Forderungen und Bestände explizit ein. Eine Erhöhung des Vorratsvermögens schmälert tendenziell die Liquidität eines Wettbewerbers. Die erweiterte Betrachtung der Liquidität dritten Grades erfolgt in der nachstehenden Cash-Flow-Betrachtung.

$$\text{Liquidität 3. Grades} = \frac{\text{Liquide Mittel} + \text{Forderungen} + \text{Bestände}}{\text{Kurzfristige Verbindlichkeiten}}$$

Der **Cash Flow** verkörpert als Kennzahl die Dynamisierung einer statischen Liquidität. Er ist ein Indikator für die Ertragskraft von Organisationen und wird synonym als „Finanzmittelüberschuss" bezeichnet. Wie oben hervorgehoben, wirken sich Veränderungen von Vorräten und Forderungen auf den erweiterten Cash Flow aus.

	Jahresüberschuss
±	Abschreibungen/Zuschreibungen auf Vermögenswerte
+	Veränderungen Rückstellungen
+	Veränderungen Sonderposten mit Rücklageanteil
+	Veränderungen Wertberichtigungen
-	Veränderungen Vorräte
-	Veränderungen Forderungen
-	Veränderungen aktive RAP
-	Aktivierte Eigenleistungen
=	Erweiterter Cash Flow

Eine weitere Kennzahl, welche zur Messung der Liquidität einer Unternehmung herangezogen werden kann, ist das **Working Capital** (hier die Berechnungsmöglichkeit *Current Ratio*). Tendenziell gilt: Je höher das Working Capital, desto gesicherter ist die zukünftige Liquidität. Das Supply Chain Management wirkt insbesondere auf den Zähler. Bestände und Forderungen stellen Komponenten des Umlaufvermögens dar. Ihre Zunahme oder Abnahme beeinflusst direkt das Working Capital. Allerdings werden Bestände (Excess and Obsolete) und Forderungen (Disputes) mit einer Laufzeit größer ein Jahr nicht unter das Working Capital gefasst.

$$\text{Working Capital (\%)} = \frac{\text{Umlaufvermögen } (< 1 \text{ Jahr}) \times 100}{\text{Kurzfristige Verbindlichkeiten}}$$

Ein wichtiger Vertreter des Working Capital Managements ist der **Cash-to-Cash-Cycle**. Er bemisst den *Liquiditätskreislauf* in Tagen. Die Zahl soll möglichst klein sein, im Idealfall sogar negativ. In Supply Chains werden durchschnittliche Cash-to-Cash-Cycles von zwei bis drei Monaten gemessen (vgl. Heesen 2012; Weber et al. 2007. Dieses Ergebnis spiegelt sicher nicht die im Lieferkettenmanagement gern zitierte „Win-Win-Situation". Eher entsteht der Eindruck, dass manche Akteure ihre Marktmacht ausspielen. Sie lassen sich rasch durch ihre Kunden bezahlen, begleichen ihrerseits jedoch die Lieferantenrechnungen erst nach etlichen Wochen oder Monaten. In der Zwischenzeit finanziert der Lieferant den Kunden (zinslos) vor. Für den Lieferanten ergeben sich Opportunitätskosten, da dieser das Geld zwischenzeitlich nicht anlegen kann.

Neben dem Debitorenmanagement (Days Sales Outstanding) und dem Kreditorenmanagement (Days Payables Outstanding) leitet sich der Liquiditätskreislauf aus der Lagerreichweite (Days on Hand) ab. Unter Gliederungspunkt 4.5 werden Working Capital und Cash-to-Cash-Cycle ausführlich beschrieben.

Cash-to-Cash-Cycle = Zeitspanne in Tagen, die sich aus Zahlung des
                  Kunden, Reichweite des Lagers und Rechnung des
                  Lieferanten ableitet (synonym „Kreislauf der Liquidität")

Der **Economic Value Added (EVA)** ist eine absolute Kennzahl im Management von Wertsteigerungen und damit in die Philosophie um den Shareholder Value eingebettet (vgl. ausführlich zur Kennzahl EVA Gliederungspunkt 8 ff. EVA steht für den Wertbeitrag, den eine Organisation pro Jahr mehrt (die Kennzahl EVA weist einen positiven Betrag auf) oder vernichtet (das Ergebnis der EVA-Kalkulation ergibt eine negative Zahl). Das Management innerhalb einer Supply Chain hat unterschiedliche Auswirkungen auf den Economic Value Added.

Dies gilt einerseits für den Net Operating Profit After Tax (*NOPAT*). Zum Beispiel beeinflussen Materialpreise, Abwertungen auf Bestände, Frachtkosten oder Abschreibungen auf logistische Assets den operativen Geschäftserfolg direkt. Andererseits nimmt ein Supply Chain Management Einfluss auf das *Capital*. Beispielhaft dafür stehen Make-or-Buy-Entscheidungen im Fleetmanagement, Verfahren für Sale-and-Buy-Back oder Sale-and-Lease-Back logistischer Anlagen, sowie Bestands- und Forderungsmanagement.

$$\text{Economic Value Added} = \text{NOPAT} - (\text{Capital} \times \text{WACC})$$

Der **Return on Capital Employed** (Kapitalrendite) ist stellvertretend für die Renditekennzahlen in die Kennzahlentypologie aufgenommen worden. Zu weiteren Möglichkeiten der Rentabilitätsmessung vgl. Gliederungspunkt 3.1.2. Aus Sicht des Supply Chain Managements sind die Stellhebel zur Beeinflussung von ROCE sowohl im Zähler als auch im Nenner der Kennzahl zu suchen. Ähnlich wie für EVA gilt, dass ein Supply Chain Management auf das Ergebnis der gewöhnlichen betrieblichen Geschäftstätigkeit (*EBIT*) durch Vorratsabwertungen, Ausschuss- und Nacharbeitsraten, Materialpreise, Abschreibungen sowie Frachtkosten wirkt. Bezogen auf das *eingesetzte Kapital* sind über ein Supply Chain Management Auswirkungen auf Cash-to-Cash-Cycle, Vorratsmanagement oder logistische Sachanlagen (wie eigener Fuhrpark oder Fremdvergabe des Fuhrparks) abzubilden.

$$\text{ROCE} = \frac{\text{EBIT} \times 100}{\text{Eingesetztes Kapital}}$$

3.2.4.2 Produktivitäts- und Wirtschaftlichkeitskennzahlen

In dem **Feld IV.2** der Kennzahlentypologie einer Supply Chain paaren sich die Inhalte des Payments mit Werttreibern für **Produktivitäten und Wirtschaftlichkeiten**. Als erster in diese Kategorie fallender Indikator wird die Fakturierungsquote einer näheren Diskussion unterzogen.

Die **Fakturierungsquote** ist ein Indikator für die Produktivität der Finanzströme. Sie bemisst den Prozentsatz ausgestellter und versendeter Kundenrechnungen. Über den Eingang potenzieller Kundenzahlungen gibt die Fakturierungsquote keinen Aufschluss. Sie ist daher möglichst um den Cash-to-Cash-Cycle zu ergänzen.

$$\text{Fakturierungsquote (\%)} = \frac{\text{Fakturierte Kundenrechnungen} \times 100}{\text{Kundenrechnungen insgesamt}}$$

Die Herstellungskosten von Unternehmungen setzen sich insbesondere aus Materialeinzel- und Materialgemeinkosten sowie Fertigungseinzel- und Fertigungsgemeinkosten zusammen. Sie sind in der Gewinn- und Verlustrechnung direkt unter dem Umsatz abzulesen. Mit Hilfe der **Materialintensität** wird die Wirtschaftlichkeit des Wareneinsatzes gemessen. Zum Beispiel kann dieser überproportional hoch im Vergleich zu den Fertigungskosten liegen.

$$\text{Materialintensität} = \frac{\text{Materialkosten} \times 100}{\text{Herstellungskosten}}$$

3.2.4.3   Qualitäts- und Servicekennzahlen

Schließlich wird mit **Feld IV.**3 auch das zwölfte und letzte Segment der Kennzahlenmatrix einer Supply Chain mit Leben gefüllt. Hier treffen die beiden Dimensionen Payment sowie **Qualitäts- und Servicekennzahlen** aufeinander. Diesbezüglich sind im Folgenden drei KPIs näher zu würdigen: Supply Chain Disputes, Cost-Charge-Back-Ratio sowie Inventory Reserve (vgl. die unten stehenden Definitionsblöcke).

In die deutsche Sprache übertragen, ist der Begriff **Disputes** mit „zweifelhaften Forderungen" (dubiose Forderungen) gleichzusetzen, die eine lange Restlaufzeit aufweisen: Treten Fehler in der Supply Chain in Richtung Kunde auf, können Disputes entstehen. Das Ausfallrisiko von Disputes ist also größer als 0 % und kleiner als 100 %. Ein Beispiel dafür ist ein Verpackungsschaden. Wenn sich eine Kundenrechnung auf 10.000 € beläuft, der Kunde jedoch auf Grund eines potenziellen Verpackungsschadens nur 8.000 € überweist, schlagen beim Hersteller Disputes in Höhe von 2.000 € zu Buche. In der Folge ist abzuklären, ob diese Forderung in Richtung Kunde tatsächlich nicht einholbar ist. In diesem Fall muss für die originäre Forderung eine Wertberichtigung (unterjährig) oder Rückstellung gebildet werden, worunter der EBIT direkt leidet.

$$\text{Supply Chain Disputes} = \frac{\text{Supply Chain Disputes} \times 100}{\text{Disputes insgesamt}}$$

Die Kennzahl **Cost-Charge-Back-Ratio** korrespondiert direkt mit den Supply Chain Disputes. Sie kann im Input für Lieferanten und im Output für Kunden bestimmt werden. Zum Teil ist auf Basis eines *Supplier-Rating-Systems* ein Cost-Charge-Back-Verfahren in der Unternehmungspraxis verankert. Dabei entscheidet die Machtkonstellation im Partnergeflecht über die Einsatzmöglichkeiten des Verfahrens. Unter Cost-Charge-Back ist zu verstehen, wenn logistische Fehler mit dem Lieferanten zunächst definiert und Strafpunkte („Penaltys") vergeben werden. Auf Basis von Prozesskosten, sind diesen Fehlern Geldbeträge beizumessen.

Für das *Supply Chain Management* kann ein derartiges Problem in einem defizitären Labeling bestehen. Tritt dieser Fehler auf, wird der vereinbarte Geldbetrag direkt bei der nächsten eingehenden Lieferantenrechnung einbehalten. Dadurch entstehen Disputes erst gar nicht mehr (vgl. oben). Allerdings ist der Kunde zumeist in der Bringschuld, um einen jeweiligen Fehler zu beweisen.

$$\text{Cost Charge Back Ratio (\%)} = \frac{\text{Einbehaltene Rechnungsbeträge} \times 100}{\text{Wert Lieferantenrechnungen total}}$$

Eine **Inventory Reserve** (Wertberichtigung auf Bestände) wird auf Grund der Ungängigkeit von Vorräten vorgenommen. Diese kann in einer mangelhaften Einlauf- oder Auslaufsteuerung begründet liegen. In einem oben kurz charakterisierten Beispiel beträgt der Bruttobestand eines Standorts 10 Mio. €. Allerdings schlagen sich dort Vorräte entweder gar nicht mehr (Obsolete) oder nur noch bedingt (Excess) pro Periode um. Für diese Bestände wird eine Wertberichtigung von 2 Mio. € gebildet. Folglich errechnet sich ein Nettobestand von 8 Mio. €.

Die *Abwertung* ungängiger Vorräte schlägt sich direkt auf das operative Ergebnis (EBIT) einer Organisation nieder. Daher sind Ungängigkeiten von Beständen möglichst gering zu halten. Ist der Verkauf von Excess- oder Obsolete-Waren unmöglich, kann in letzter Konsequenz die Verschrottung dieser Sachnummern drohen. Um dabei den Effekt in Richtung EBIT abzufedern, schreibt das kaufmännische Vorsichtsprinzip die Bildung von Wertberichtigungen vor. Die folgende Kennzahl „Inventory Reserve" spiegelt die Höhe dieser **Wertberichtigung** auf Grund von Ungängigkeiten.

	Bruttobestand (Gross Inventory)
+	Wertberichtigung (Inventory Reserve)
=	Nettobestand (Net Inventory)

3.2.5 Kennzahlentypologie im Überblick

Die hier vorgeschlagene Typologie zur Einordnung von Kennzahlen des Supply Chain Managements basiert auf **zwei Dimensionen**:

- Eine erste Perspektive zeigt den Bezug der Kennzahlen zur **Wertschöpfung** auf. Mit steigender Wertgenerierung schälen sich die drei logistischen Primärsegmente Input (Beschaffung), Throughput (Lagerung, Kommissionierung

Kennzahlenart / Wertschöpfung	Generische Kennzahlen		Produktivitäts- und Wirtschaftlichkeitskennzahlen	Qualitäts- und Servicekennzahlen
Input - Beschaffung	- Einkaufsteile - Einkaufsvolumen - Lieferantenanzahl	- Preisindex - Volumenstruktur - Maverick-Buying	- Sendungen täglich - Annahmezeit - WEK pro Tag - WEK-Kosten	- Servicegrad (Eingang) - Zurückweisungsquote - Verzugsquote
Throughput - Lagerung - Beistellung - Fertigung	- Sachnummern - Kommissionierungen - Flächennutzung - Disponierte Teile - Lagerkostensatz - Auftragseingänge - Upside Prod. Flexib. - Lagerflächenanteil - Automatisierungsgrad - Auftragsvolumen	- Gelagerte Teile - Reichweite - Lagerumschlag - Vorratsquote - Recyclingquote - Fertigungstiefe - Flächenanteil - Lagervorgänge - Verpackungen	- Lagerbewegungen - Raumnutzungsgrad - Lagerplatzkosten - Lagerbewegungskosten - Anzahl Kommissionierung - Kosten Kommissionierung - Auftragseingänge - Bestandskonten - Maschinennutzungsgrad - Bearbeitungskosten - Dispositionskosten	- Excess and Obsolete - Lagerverlust - Servicegrad (Intern) - Zurückweisungsquote - Verzögerungsquote - Ausschuss oder Nacharbeit - Ausfall oder Reparatur
Output - Distribution	- Umsatz pro Kunde - Auslieferungen - Anzahl Lagerstätten - Auftragsvolumen - Eigentransportquote	- Kundenanzahl - Durchlaufzeit - Lagerumschlag - Order Fulfillment - Lagerstufen	- Auftragsabwicklungskosten - Versendungen pro Tag - Nutzungsgrad - Versandkosten	- Servicegrad (Extern) - Zurückweisungsquote - Verzugsquote
Payment - Finanzen	- Supply Chain-Kosten - Skontoquote - Rabattierungsquote - Working Capital - Cash-to-Cash-Cycle	- Cash Flow - EVA - ROCE - Liquidität - Bestellobligo	- Fakturierungsquote - Materialintensität	- Supply Chain Disputes - Cost-Charge-Back Rate - Inventory Reserve

Abb. 3.8 Indikatoren der Kennzahlentypologie einer Supply Chain

und Produktion) sowie Output (Distribution) heraus. Diese werden von Aktivitäten des Payments umgarnt, da in einer Supply Chain bekanntlich auch die Finanzströme explizite Berücksichtigung erfahren (zur Vermeidung von Opportunitätskosten).

- Unter die zweite Dimension sind drei unterschiedliche **Arten von Supply Chain-Kennzahlen** gefasst. Sie setzen sich aus generischen Indikatoren (Strukturindikatoren), Produktivitäts- und Wirtschaftlichkeitskennzahlen sowie qualitäts- und servicegetriebenen Größen zusammen.

Aus diesen beiden Betrachtungsebenen ergeben sich in einer **Matrix** zur Supply Chain-Typisierung zwölf verschiedene Betrachtungsfelder. Abbildung 3.8 fasst die oben ausführlich diskutierten Einzelkennzahlen in übersichtlicher Weise zusammen. Es versteht sich von selbst, dass dieser Ansatz keinen Anspruch auf Vollständigkeit erhebt. Je nach Branchenbezug oder spezifischer Problemstellung, kann sich freilich die Notwendigkeit zur **Modifizierung** dieser Typisierung ergeben.

3.3 Ausgewählte Visualisierungsformen des Kennzahlenmanagements

Mit diesem Gliederungspunkt finden die Gedanken des Kennzahlenmanagement innerhalb moderner Supply Chains ihre Abrundung. Die diskutierte Typisierungsmöglichkeit für ein Lieferkettenmanagement dient der inhaltlichen Einordnung einzelner Leistungstreiber in ein übergeordnetes Kennzahlensystem. Dadurch erschließen sich in der Supply Chain **synergetische Potenziale**: Die Einzelkennzahlen verdichten sich in der Kennzahlenmatrix in zwölf Cluster. Und sie gewinnen in Summe an struktureller Aussagekraft – verglichen mit dem isolierten Aussagewert einzelner Indikatoren.

Einen zusätzlichen Schub an Transparenz erfährt das diskutierte Kennzahlensystem, indem etliche Größen ihren Niederschlag in ausgewählten **Visualisierungsformen** finden. In diesem Kontext werden in den nachstehenden Gliederungspunkten der Werttreiberbaum und der Kennzahlenradar beschrieben. Die Auswahlkriterien für diese beiden grafischen Darstellungsformen des Kennzahlenmanagements sind ihr Pragmatismus sowie ihr wissenschaftlicher Anspruch. Zur Diskussion weiterer Visualisierungsformen des Kennzahlenmanagements sei auf die einschlägige Literatur verwiesen (vgl. stellvertretend Deyhle 2003, S. 94 ff.). Dort werden beispielsweise die Hilfsmittel Ist-Ziel-Diagramm, Kennzahlenformular, Grid oder Fadenkreuz thematisiert.

3.3.1 Werttreiberbaum (Value Driver Tree)

Die Idee zur Generierung von Werttreiberbäumen ist dem Du-Pont-Schema geschuldet, das seinerzeit zur Ermittlung des **Return on Investment** (ROI) entwickelt wurde. Zur ausführlichen Diskussion um den ROI vgl. Gliederungspunkt 3.1.2. Die Erstellung von Werttreiberbäumen ist sowohl generisch als auch funktionsbereichsbezogen denkbar. Neben dem Supply Chain Management, können Treiberbäume auch in der Produktion oder dem Vertrieb Einsatz finden. Ebenso eignet sich prinzipiell der Aufbau von Werttreiberbäumen, wenn es um Darstellungen hinsichtlich des Shareholder Value geht. Zu den Darstellungsmöglichkeiten von Werttreiberbäumen vgl. Deyhle 2003, S. 101 ff.

▶   Im Rahmen der Erarbeitung moderner **Werttreiberbäume** wurde aus dem ROI-Schema der Grundgedanke abgekupfert, Kennzahlen innerhalb eines Bezugsrahmens analytisch oder sachlogisch miteinander zu verknüpfen. Dabei verdichten sich einzelne Kennzahlen im Werttreiberbaum in einem Spitzenwert (*„Wurzelknoten"*). Die einzelnen Kennzahlen in diesem Geflecht beeinflussen den Wurzelknoten direkt oder indirekt, sie „treiben" dessen Wert.

IT-gestützt können die Auswirkungen geänderter Eingangsparameter (Kennzahlen) auf den Wurzelknoten simuliert werden. Einige Beratungsgesellschaften haben dazu spezielle Software entwickelt. Stellvertretend sei hier auf das Tool „Business Planning and Simulation" von *SAP* verwiesen, das die Simulation von Werttreiberbäumen mit dem Tool *„Business Warehouse – Business Planning Simulation (BW-BPS)"* ermöglicht.

Bei näherer Betrachtung von Werttreiberbäumen tauchen als mögliche Wurzelknoten insbesondere die **Spitzengrößen** EBIT, Shareholder Value, Economic Value Added, Return on Capital Employed und Discounted (Free) Cash Flow auf. In Abgrenzung zum tradierten ROI-Baum, werden in die Berechnung der Wurzelknoten nicht länger rein monistische Indikatoren einbezogen. Vielmehr können auch **„Non Financials"** (qualitative Indikatoren) als Einflussgrößen in Werttreiberbäumen Einzug erhalten. Beispielhaft dafür stehen die „Non Financials" Kundenbindung, Image, Technologie, Innovation, Mitarbeiter und Qualität. Die Erstellung von Werttreiberbäumen bettet sich häufig in Überlegungen zur **Balanced Scorecard** oder zum **Performance Measurement (Performance Management)** ein (vgl. Gliederungspunkt 4.1). Dieser Tatbestand überrascht nicht sonderlich. Beide Konzepte sind darum bemüht, auch nichtmonetäre Implikationen in ihre Darstellung einzubeziehen. Anders ausgedrückt, stellt der Werttreiberbaum ein Hilfsmittel dar, das den Beitrag qualitativer Indikatoren zur Schaffung oder Vernichtung finanzieller Ergebnisse („Werte") visualisiert.

In der Folge werden **zwei Beispiele** zur Generierung von Treiberbäumen herangezogen. Der erste Fall ist generisch gehalten. Er bezieht sich auf die rein mathematische Ermittlung eines Economic Value Added (EVA) in einem Werttreiberbaum. Das zweite Beispiel ist speziell auf das Supply Chain Management zugeschnitten, indem dessen mögliche Wirkungshebel auf den Knoten Return on Capital Employed (ROCE) aufgezeigt werden.

3.3.1.1 Werttreiberbaum über den Knoten EVA

Der Werttreiberbaum zur Berechnung des Wurzelknotens **Economic Value Added** ist in Abb. 3.10 dargestellt (vgl. Deyhle 2003, S. 10; Speckbacher 2005, S. 9). Ausgenommen von Prozentwerten, gelten folgende Zahlenangaben in Millionen Euro. In Summe verdichtet sich der Spitzenwert Economic Value Added (EVA) auf 1,2 Mio. €. Mit Hilfe dieses monetären Werttreiberbaums wird das Zustandekommen von EVA visualisiert. Die Überleitung auf den Wurzelknoten ist in fünf verschiedene Arbeitsebenen zu zerlegen:

- **Arbeitsebene 1/Arbeitsebene 2**: Der Wurzelknoten **Economic Value Added** beträgt in Summe 1,2 Mio. €. Dieses Resultat berechnet sich aus der Subtraktion der Kapitalkosten (Capital Charge) vom Nettobetriebsergebnis nach Steuern (NOPAT). Dabei kristallisieren sich zwei primäre Stränge zur Berechnung von EVA heraus: Der obere Bereich (NOPAT) speist sich aus Werten der Gewinn- und Verlustrechnung. Der untere Zweig (Capital Charge) entspringt der Bilanz.

$$EVA = NOPAT - Capital\ Charge$$
$$EVA = 4,0 - 2,8$$
$$EVA = 1,2$$

Legende: Alle Zahlen in Millionen € (ausgenommen Prozentwerte)

- **Arbeitsebene 3 (oberer Strang)**: Die Größe **NOPAT** berechnet sich aus der Subtraktion der (Ertrag-) Steuern von einem NOPBT (Net Operating Profit before Tax), dem Nettobetriebsergebnis vor Steuern. In dem beispielhaft charakterisierten Werttreiberbaum beläuft sich im oberen Zweig der NOPAT auf 4,0 Mio. €.

$$NOPAT = NOPBT - Tax$$
$$NOPAT = 6,1 - 2,1$$
$$NOPAT = 4,0$$

Legende: Alle Zahlen in Millionen € (ausgenommen Prozentwerte)

- **Arbeitsebene 3 (unterer Strang)**: Bei der Ermittlung von Kapitalkosten (**Capital Charge**) im unteren Strang, ist ein Bezug zwischen Net Assets sowie Weighted Average Cost of Capital herzustellen. Die Net Assets leiten sich aus dem insgesamt investierten Kapital ab. Im Rahmen der Gewinnerzielung fallen Kapitalkosten an. Diese spiegeln sich in dem Weighted Average Cost of Capital, dem gewichteten Eigen- und Fremdkapitalkostensatz. Die Net Assets (25,8) wurden mit dem WACC von 11,0 % multipliziert und durch 100 geteilt. Die Kapitalkosten belaufen sich in Summe auf 2,8 Mio. €.

$$Capital\ Charge = \frac{Net\ Assets \times WACC\ (\%)}{100}$$
$$Capital\ Charge = \frac{25,8 \times 11,0\ (\%)}{100}$$
$$Capital\ Charge = 2,8$$

(Legende: Alle Zahlen in Millionen € (ausgenommen Prozentwerte))

- **Arbeitsebene 4 (oberer Strang):** Wie beschrieben, entstammen die Zahlen des oberen Zweigs dieses Werttreiberbaums der Erfolgsrechnung. Diesbezüglich ist auf vierter Arbeitsebene die Berechnung der Größe **NOPBT** hervorzuheben. Sie beläuft sich auf 6,1 Mio. €. Das Nettobetriebsergebnis vor Steuern setzt sich aus dem Rohertrag (Gross Profit/33,8), allgemeinen Vertriebs- und Verwaltungsaufwendungen (Selling and Administration/− 29,2), sonstigen Aufwendungen und Erträgen (Other/1,5) sowie Abgrenzungen (Adjustment/0,0) zusammen.

  NOPBT = Gross Profit + Selling/Adm. + Other + Adjustment
  NOPBT = 33,8 − 29,2 + 1,5 + 0,0
  NOPBT = 6,1
  Legende: Alle Zahlen in Millionen € (ausgenommen Prozentwerte)

- **Arbeitsebene 4 (unterer Strang):** In dem unteren Strang des Werttreiberbaums bedarf die Zusammensetzung der **Net Assets** näherer Betrachtung. Diese addieren sich auf 25,8 Mio. €. Sie setzen sich aus dem Anlagevermögen (Fixed Assets/3,9), inklusive den Beteiligungen an verbundenen Unternehmungen (Affiliated Companies), sowie dem Working Capital (21,9) zusammen.

  Net Assets = Fixed Assets/Affiliated + Working Capital
  Net Assets = 3,9 + 21,9
  Net Assets = 25,8
  Legende: Alle Zahlen in Millionen € (ausgenommen Prozentwerte)

- **Arbeitsebene 5 (oberer Strang):** Schließlich ist die fünfte Arbeitsebene zu kennzeichnen. Analog den bisherigen Darstellungen, wird zunächst der obere Zweig der Gewinn- und Verlustrechnung diskutiert. Der Rohertrag (**Gross Profit**/33,8) ergibt sich aus der Verrechnung von Umsatz (Sales/260,0) und Herstellungskosten des Umsatzes (Cost of Sales/− 226,2). Gemäß ihrer Semantik, speisen sich die Vertriebs- und allgemeinen Verwaltungsaufwendungen (**Selling and Administration**/− 29,2) aus den Vertriebsaufwendungen (Selling/− 28,1) sowie den Verwaltungsaufwendungen (General/− 1,1). Weiterhin bedürfen die sonstigen Aufwendungen (**Other**/1,5) einer näheren Betrachtung. Sie addieren sich aus Forschungs- und Entwicklungsaufwendungen (Research and Development/0,0) und sonstigen betrieblichen Erträgen (Change in Provision/1,5).

  Gross Profit = Sales + Cost of Sales
  Gross Profit = 260,0 + (− 226,2)
  Gross Profit = 33,8

Selling/Administration = Selling + Administration

Selling/Administration = (− 28,1) + (− 1,1)

Selling/Administration = (− 29,2)

Other = R&D + Change in Provision + Other

Other 0,0 + 1,5

Other = 1,5

Legende: Alle Zahlen in Millionen € (ausgenommen Prozentwerte)

- **Arbeitsebene 5 (unterer Strang):** Die Bilanzposition **Fixed Assets and Affiliated** (Anlagevermögen und Beteiligungen an verbundenen Unternehmungen/3,9) berechnet sich aus eben jenen zwei Größen, wobei sich die Fixed Assets auf den Wert 3,9 und die Investments in Affiliated Companies auf 0,0 belaufen. Das **Working Capital** (21,9) hingegen setzt sich aus Beständen (Inventories/12,8), Forderungen (Receivables/31,2), Verbindlichkeiten (Liabilities/− 22,0) sowie Vorauszahlungen (Prepayments/− 0,1) zusammen.

Fixed Assets/Affiliated = Fixed Assets + Affiliated

Fixed Assets/Affiliated = 3,9 + 0,0

Fixed Assets/Affiliated = 3,9

Working Capital = Inventories + Receivables + Liabilities
+ Prepayments + Other

Working Capital = 12,8 + 31,2 + (−22,0) + (− 0,1)

Working Capital = 21,9

Legende: Alle Zahlen in Millionen € (ausgenommen Prozentwerte)

Der Werttreiberbaum über den **Economic Value Added** (vgl. Abb. 3.9) ist ein operativ getriebenes Hilfsmittel des Managements im Allgemeinen und des Controllings im Speziellen. Diese Darstellung untermalt das mathematische Zustandekommen von EVA, und sie ermöglicht somit auch einem „Nicht-Kaufmann" die Möglichkeit zur raschen Erfassung betriebswirtschaftlicher Sachverhalte. Wenn sich der Economic Value Added als positive Absolutzahl präsentiert, ist sofort zu erkennen, dass die Organisation einen Wertzuwachs geschaffen hat (et vice versa). Und auf Basis der Dekomposition des Werttreiberbaums ist die Berechnung dieses finanziellen Ergebnisses rasch abzulesen.

Doch diese stringente und strikt mathematisch-logische Darstellung des Werttreiberbaums über den Wurzelknoten EVA stößt auch an **Grenzen** (vgl. Speckbacher et al. 2004, S. 6). Zum Beispiel findet eine Berücksichtigung immaterieller Werte kaum statt. Beispielhaft dafür steht eine mögliche Aktivierung von

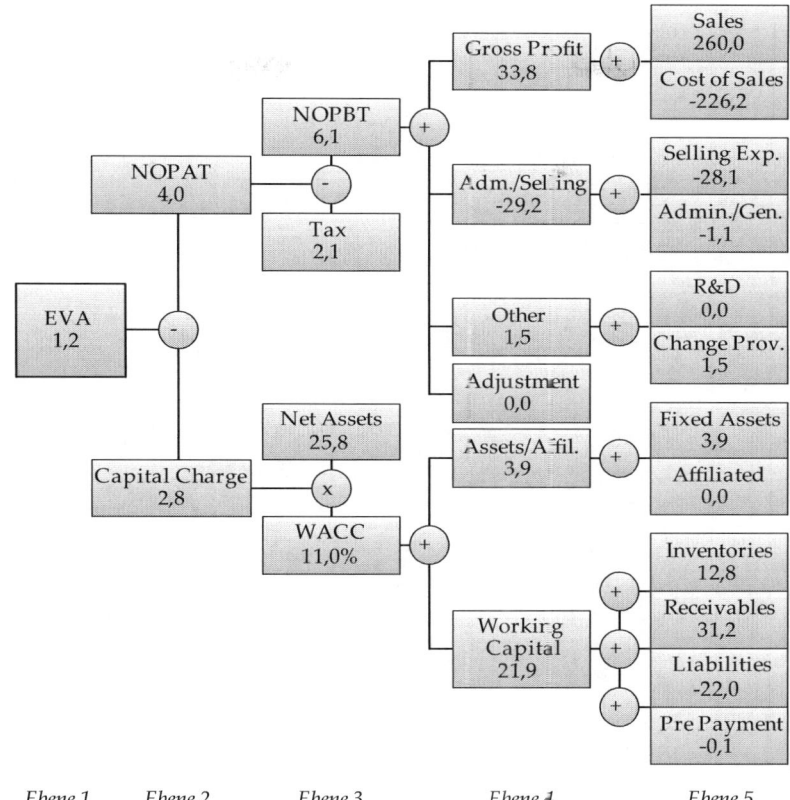

| Ebene 1 | Ebene 2 | Ebene 3 | Ebene 4 | Ebene 5 |

Abb. 3.9 Werttreiberbaum über den Economic Value Added

Forschungs- und Entwicklungsleistungen, welche nicht direkt in diesem Baum abzulesen ist.

Weiterhin erfolgt die Darstellung nur zu einem bestimmten Zeitpunkt. Es ist somit eine **statische Betrachtung** mit Vergangenheitsbezug, die nichts über das Entwicklungspotenzial einer Organisation besagt. Diese Aussage wäre für einen Konkurrenzvergleich jedoch wünschenswert. Schließlich zeigt der Werttreiberbaum nicht, ob ein Cash-out-Syndrom vorliegt: ob also betriebsnotwendige Investitionen unterlassen worden, um EVA künstlich zu „schönen".

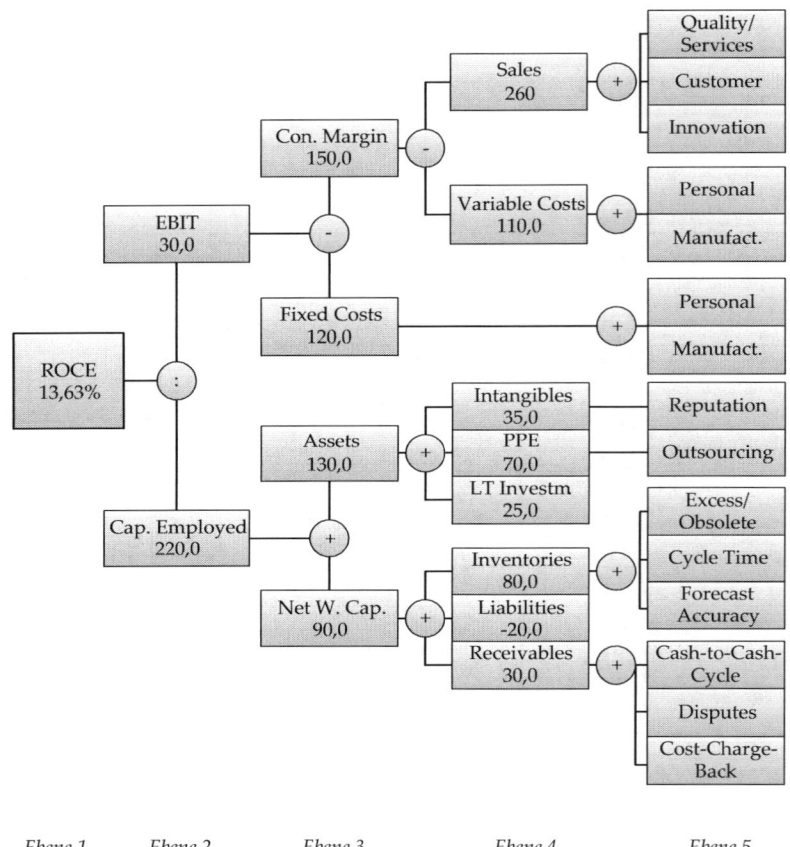

Ebene 1   Ebene 2   Ebene 3   Ebene 4   Ebene 5

Abb. 3.10 Werttreiberbaum über den Return on Capital Employed

3.3.1.2   Werttreiberbaum über den Knoten ROCE

Nachdem zuvor ein generischer Werttreiberbaum über den Wurzelknoten Economic Value Added beschrieben wurde, findet sich unter diesem Gliederungspunkt
die Diskussion um einen Supply Chain-spezifischen Ansatz. In Abb. 3.10 sind
die folgenden Inhalte in übersichtlicher Form dargestellt. Ein wesentlicher Unterschied zu der Berechnung über EVA ist sofort ersichtlich: Der allgemein
gültige Werttreiberbaum über EVA ist eine ausschließlich quantitative Darstellung („vollmathematische" Ermittlung). Im Gegensatz dazu, finden in dem

Supply-Chain-affinen Baum über den Wurzelknoten ROCE zusätzlich **qualitative Einflussfaktoren** („weiche Determinanten") ihren Eingang. Analog zu dem Wurzelknoten Economic Value Added (EVA), werden im Folgenden die verschiedenen Arbeitsebenen des Werttreiberbaums, mit der Spitzenkennzahl Return on Capital Employed (ROCE), charakterisiert.

- **Arbeitsebene 1/Arbeitsebene 2:** Im Ergebnis beläuft sich der Wurzelknoten Return on Capital Employed (**ROCE**) auf 13,63 %. Dieser Wert errechnet sich aus der Division des operativen Ergebnisses (EBIT, 30,0 Mio. €) zum eingesetzten Kapital (Capital Employed, 220,0 Mio. €). Wie auch bei der Diskussion um EVA, kristallisieren sich zwei Berechnungsstränge heraus. Der obere Zweig über den EBIT basiert auf der Verrechnung von Aufwendungen und Erträgen aus der Gewinn- und Verlustrechnung (Erfolgsrechnung). Im unteren Strang (Capital Employed) finden sich die betriebsnotwendigen Vermögensgegenstände und Kapitalpositionen aus der Bilanz.

$$ROCE = \frac{EBIT \times 100}{Capital\ Employed}$$

$$ROCE = \frac{30,0 \times 100}{220,0}$$

$$ROCE = 13,63\ \%$$

Legende: Alle Zahlen in Millionen € (ausgenommen Prozentwerte)

- **Arbeitsebene 3 (oberer Strang):** Zunächst erfolgt wiederum eine konzise Kennzeichnung des oberen Zweigs des Treiberbaums. Aus der Gewinn- und Verlustrechnung lassen sich die **Earnings before Interest and Taxes** leicht ablesen. Ihre Ermittlung erfolgt über die Subtraktion der Fixkosten (Fixed Costs/120,0) vom Deckungsbeitrag I (Contribution Margin/150,0). Das Betriebsergebnis beträgt folglich 30,0 Mio. €.

$$EBIT = Contribution\ Margin - Fixed\ Costs$$

$$EBIT = 150,0 - 120,0$$

$$EBIT = 30,0$$

Legende: Alle Zahlen in Millionen € (ausgenommen Prozentwerte)

- **Arbeitsebene 3 (unterer Strang):** Das eingesetzte Kapital (**Capital Employed**) setzt sich aus dem Anlagevermögen (Fixed Assets/130,0) sowie dem Net Working Capital (90,0) zusammen. Die Berechnung dieser beiden Treiber des eingesetzten Kapitals ist der Bilanz entlehnt.

Capital Employed = Fixed Assets + Net Working Capital
Capital Employed = 130,0 + 90,0
Capital Employed = 220,0
Legende: Alle Zahlen in Millionen € (ausgenommen Prozentwerte)

- **Arbeitsebene 4 (oberer Strang)**: Auf dieser vierten Arbeitsebene zur Ermittlung des Return on Capital Employed ist die Aggregation des Deckungsbeitrags I (**Contribution Margin**/150,0) erklärungsbedürftig. Dieser berechnet sich durch die Subtraktion der variablen Kosten (Variable Costs/110,0) von den Umsatzerlösen (Sales/260,0).

Contribution Margin = Sales − Variable Costs
Contribution Margin = 260,0 − 110,0
Contribution Margin = 150,0
Legende: Alle Zahlen in Millionen € (ausgenommen Prozentwerte)

- **Arbeitsebene 4 (unterer Strang)**: Das Anlagevermögen (**Fixed Assets**/130,0 Mio. €) des unteren Bilanzstrangs speist sich aus immateriellen Vermögensgegenständen (Intangibles/35,0), Sachanlagen (Property, Plant, Equipment/70,0) sowie Finanzanlagen (Longterm Investments/25,0). Auf diesem Ast des Wertreiberbaums bedarf weiterhin die Zusammensetzung des **Net Working Capital** einer näheren Betrachtung. Das Net Working Capital addiert sich auf 90,0 Mio. €. Seine Komponenten sind Bestände (Inventories/80,0), Forderungen (Receivables/30,0) sowie unverzinsliche Verbindlichkeiten (Liabilities/− 20,0).

Fixed Assets = Intangibles + Property, Plant, Equipment + Longterm Inv.
Fixed Assets = 35,0 + 70,0 + 25,0
Fixed Assets = 130
Net Working Capital = Inventories + Receivables + Liabilities
Net Working Capital = 80,0 + 30,0 + (− 20,0)
Net Working Capital = 90,0
Legende: Alle Zahlen in Millionen € (ausgenommen Prozentwerte)

- **Arbeitsebene 5 (oberer Strang)**: Besondere Beachtung findet schließlich die fünfte Arbeitsebene dieses Werttreiberbaums. Die dort aufgeführten Einflussfaktoren stellen eine Mischung quantitativer sowie qualitativer Performancetreiber dar. Für das Management einer Supply Chain sind in diesem

Kontext zunächst ausgewählte Faktoren für den Umsatz (Sales) herauszuarbeiten. Die erste Einflussgröße auf den Umsatz wird in den qualitäts- wie serviceorientierten Kennzahlen (Quality/Services) Lieferservicegrad, Zurückweisungsquote und Verzögerungsquote gesehen. Die Beschreibung dieser drei Indikatoren erfolgte bereits ausführlich bei der grundsätzlichen Charakterisierung der Kennzahlentypologie des Supply Chain Managements. Das nächste Feld, welches mit einem Beeinflussungspotenzial für den Umsatz versehen ist, wird als „Customer" bezeichnet. Darunter fallen beispielsweise Indikatoren wie Kundenzufriedenheit und -treue, Kundenakquisitionsrate, Neukunden-Altkunden-Relation, Cross-Selling-Anteil, Marktdurchdringung, Marktanteil, Marktvolumen oder Kundendeckungsbeitrag. Schließlich formt sich die Einflussdeterminante „Innovation" aus der Innovationsakzeptanz durch Kunden, Neuprodukte-Altprodukte-Relation, Floprate, patentierte Erfindungen pro Periode oder umgesetzte Verbesserungsvorschläge pro Mitarbeiter. So interessant diese weichen Faktoren für ein Supply Chain Management auch sind, fällt es jedoch schwer, sie in ein „Kostenkorsett" zu zwängen. Dieses Problem stellt sich hingegen für die eher klassischen Einflussfaktoren variable Kosten (**Variable Costs**/110,0) und Fixkosten (**Fixed Costs**, 120,0) nicht. Diese bestimmen sich jeweils aus den Personalkosten und den Fertigungskosten, wobei letzte einschließlich der Materialpreise zu verstehen sind.

Sales = Quality/Services + Customer + Innovation

Variable Costs = Personal + Manufacturing

Fixed Costs = Personal + Manufacturing

- **Arbeitsebene 5 (unterer Strang):** Zunächst werden die Bestimmungsgrößen des Anlagevermögens (**Fixed Assets**/130,0 Mio. €) detailliert gekennzeichnet, das direkt in die Kalkulation des eingesetzten Kapitals eingeht (der Nenner von ROCE). Die Fixed Assets setzen sich aus Intangibles, Property, Plant, Equipment sowie Longterm Investments zusammen. Hinsichtlich der immateriellen Vermögenswerte (**Intangibles**/35,0) wird ein Potenzial zur Determinierung in der Reputation gesehen. Nicht zuletzt steht und fällt der Goodwill von Organisationen mit dem Image (dies kann beispielsweise über „Sustainability" aufpoliert sein). Die Gewinnung von Meinungsführern ist ebenso von Interesse. In einem Supply Chain Management werden die Sachanlagen (**Property, Plant, Equipment**/70,0) durch Aktivitäten in Richtung Outsourcing oder Offshoring tangiert. Darunter fallen Fleet Management (Fuhrpark), Sale-and-Buy-Back, Sale-and-Lease-Back logistischer Assets, Facility Management (Gebäude) und Förderzeuge. Schließlich sind die Einflussfaktoren auf das **Net Working Ca-**

pital näher zu beschreiben. Dieses besteht aus Inventories, Receivables sowie Liabilities. Auf die erste Komponente, das **Vorratsvermögen** (Inventories/80,0) wirkt zunächst die Excess-and-Obsolete-Ratio. Tendenziell belasten ungängige Bestände ein Net Working Capital. Möglichkeiten zur Reduzierung von Langsamdrehern liegen in der Einlauf- und Auslaufsteuerung oder den Mindestabnahmemengen. Weiterhin bestimmt die Durchlaufzeit (Cycle Time) eine Bestandshöhe. Diesbezügliche Optimierungsreserven liegen in Bearbeitungszeiten, Liegezeiten, Rüstzeiten, Lagerzeiten oder Stillstandzeiten begründet. Das Feld Forecast Accuracy (Absatzprognosegenauigkeit) beeinflusst ebenfalls nachhaltig die Vorratshöhe. Dieser Werttreiber zeigt, inwieweit es sich um „schwierige" Kunden handelt, die ihre Bestellungen häufig revidieren. Für die Logistik sind gravierende Schwankungen in den Kundenbestellungen ein wahres Damoklesschwert. Auf die Forderungen (**Receivables**/30,0) wirken schlussendlich die Key Performance Indicators Cash-to-Cash-Cycle, Disputes sowie Cost-Charge-Back. Zu deren ausführlicher Diskussion vgl. Gliederungsabschnitt 3.2.4.

Intangibles = Reputation

Property, Plant, Equipment = Outsourcing

Inventories = Excess/Obsolete + Cycle T. + Sales Acc. + Cust. Beh.

Receivables = Cash-to-Cash-Cycle + Disputes + Cost-Charge-Back

Dem oben beschriebenen Werttreiberbaum über den Wurzelknoten **Return on Capital Employed** (ROCE) ist eine ausgeprägte Affinität zum Supply Chain Management immanent (vgl. Abb. 3.10). Dies gilt insbesondere für die fünfte Arbeitsebene. Hier finden sich einerseits quantifizierbare Größen, wie Personalkosten oder Fertigungskosten. Andererseits entspringen diesem Segment auch qualitative Indikatoren einer Logistikkette. Die Visualisierung dieser möglichen logistischen Stellhebel in einem Werttreiberbaum ist eine interessante Basis für die Einleitung von Kommunikationsprozessen (der Werttreiberbaum als Diskussionsgrundlage).

Mit Hilfe dieser beschriebenen Einflussfaktoren des Supply Chain Managements auf die Rendite einer Unternehmung, wird (verglichen mit dem generischen Baum über EVA) ein großer Schritt nach vorn getätigt: EVA berechnet sich ausschließlich aus quantitativen Werten, welche den Sekundärquellen Erfolgsrechnung und Bilanz entstammen. Dadurch ist die Berechnung des oben beschriebenen Economic Value Added streng monistisch geprägt. Weiche Beeinflussungspotenziale blendet der Ansatz hingegen aus. In diese Lücke stößt der Werttreiberbaum über den Return on Capital Employed: In der **Kombination qualitativer und quantitativer**

Indikatoren liegt sein besonderer Charme. Jetzt ist es auch möglich, Attribute des Supply Chain Relationship Managements abzudecken.

Ein **Problem** der Werttreiberermittlung über ROCE keimt allerdings auf, wenn diese beschreibenden Faktoren quasi einer „Zwangsquantifizierung" unterworfen sind. Denn für einen „Finanzmann" sind diese Einflussfaktoren des Supply Chain Managements ganz sicher interessant. Und dass die Genauigkeit der Absatzprognose, wie auch das Bestellverhalten der Kunden signifikanten Einfluss auf das Vorratsvermögen ausüben, sieht ein Controller natürlich auch. Doch wird er letztlich wissen wollen, *in welcher Höhe* diese Effekte zu Buche schlagen. Und die Quantifizierung dieser Faktoren ist dem Problem der Subjektivität unterworfen.

3.3.2 Kennzahlenradar

Der Kennzahlenradar ist eine weitere Visualisierungsalternative des Kennzahlenmanagements einer Supply Chain (vgl. Deyhle 2003, S. 94 f.). Synonym wird er als **„Spinnenbild"** bezeichnet. In einem Kennzahlenradar sind für ausgewählte Indikatoren Abweichungen von Sollwerten zu Istwerten grafisch darzustellen. Um den Betrachter nicht mit Informationen zu überschütten, werden laut *Deyhle* (vgl. Deyhle 2003, S. 95) in ein solches „Spinnenbild" möglichst nicht mehr als acht Kenngrößen aufgenommen.

Die weiteren Überlegungen beziehen sich auf einen Kennzahlenradar, der sich speziell auf eine Wertschöpfungskette ausrichtet. Seine Erarbeitung ist dem Anspruch größtmöglicher **Ausgewogenheit** geschuldet. So sollen die identifizierten Indikatoren unterschiedliche Ziele in der Supply Chain gleichzeitig abdecken (Kosten-, Zeit-, Qualitäts- und Flexibilitätsorientierung). In diesem Kontext werden die nachstehenden acht Key Performance Indicators in den Radar integriert, wobei, je nach Branchenbezug und Wettbewerbssituation, im Einzelfall die Kennzahlen natürlich differieren können:

- Kundengerichteter Lieferservicegrad (qualitative, quantitative sowie zeitliche Leistungsmessung in Richtung Kunde).
- Frachtkosten (inklusive Auftragsabwicklungskosten).
- Turn Rate (Bestandsindikator).
- Cash-to-Cash-Cycle (zur Ermittlung von Opportunitätskosten).
- Ausschussrate (als produktionslogistischer Qualitätswert).
- Preisindex (die Schnittstelle zum Einkauf).
- Durchlaufzeit (gemessen vom Auftragseingang bis zur Warenauslieferung).

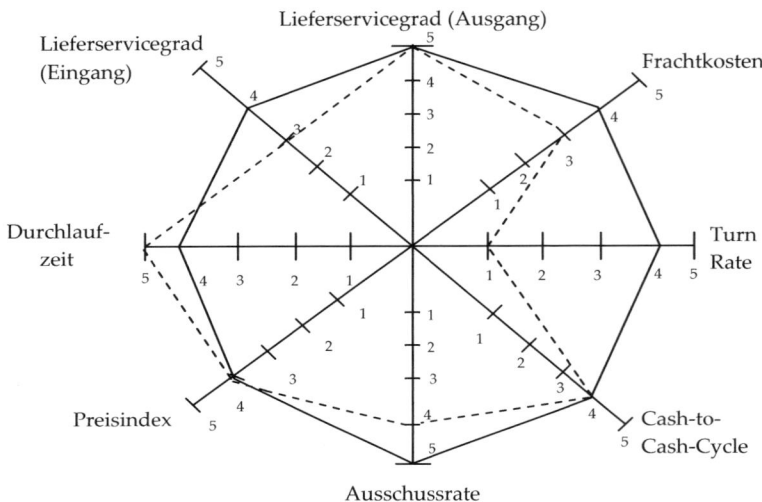

Abb. 3.11 Kennzahlenradar einer Supply Chain

- Eingangseitiger Lieferservicegrad (das Pendant des kundengerichteten Lieferservicegrads, zur Bewertung der Lieferantenleistungen).

In Abb. 3.11 wird deutlich, dass in dem „Spinnenbild" die ausgewählten Leistungsgrößen einer Supply Chain jeweils Punkte von „eins" bis „fünf" erzielen können.
Dabei gilt folgende **Bewertung**:

- 1 Punkt: Sehr schlecht erfüllt
- 2 Punkte: Schlecht erfüllt
- 3 Punkte: Befriedigend erfüllt
- 4 Punkte: Gut erfüllt
- 5 Punkte: Sehr gut erfüllt

Während die durchgezogene Linie in dem Radar die Planwerte visualisiert, steht
die gestrichelte Linie für die Istgrößen. Folgende **Interpretationen** leiten sich für
die acht Indikatoren ab:

- **Kundengerichteter Servicegrad**: Aus einem Plan – zum Beispiel dem Budget
– geht die Forderung nach der Erzielung eines sehr gut erfüllten kundenseiti-

gen Lieferservicegrads hervor (5 Punkte). Im Actual wurde das anvisierte Ziel erreicht, Plan und Ist sind kongruent.

- **Frachtkosten**: Die aktuell erzielten Werte für die Frachtkosten sind höher als die Planzahlen. Im Radar wurde eine gute Erfüllung von Frachtkosten (4 Punkte) eingefordert. Die Istzahlen zeigen lediglich eine Zielerreichung von 3 Punkten („befriedigend erfüllt") auf.
- **Turn Rate**: Die betrachtete Unternehmung hat ein signifikantes Bestandsproblem. Während in der Planung 4 Punkte gefordert werden, spiegeln die Istzahlen eine sehr schlechte Erfüllung (1 Punkt).
- **Cash-to-Cash-Cycle**: Im Gegensatz zur den ernüchternden Zahlen bezüglich der Turn Rate, ist es der betrachteten Organisation gelungen, bezüglich des Cash-to-Cash-Cycle eine Übereinstimmung zwischen Ist und Soll herzustellen (jeweils 4 Punkte).
- **Ausschussrate**: Die Ausschussrate ist ein Spiegelbild für etwaige produktionslogistische Schwierigkeiten. In der Planung wird eine sehr geringe Ausschussrate eingefordert (5 Punkte stehen für eine sehr gute Planerfüllung). Im Actual wurde allerdings die Messlatte gerissen. Der Radar signalisiert eine Ausschussrate von 4 Punkten (gut erfüllt).
- **Preisindex**: Der Indikator Preisindex zeigt mit 4 Punkten Kongruenz zwischen Plan- und Istwerten auf.
- **Durchlaufzeit**: Für den Indikator Durchlaufzeit ist eine positive Abweichung von geplanten 4 Punkten (gut erfüllt) zu erreichten 5 Punkten (sehr gut erfüllt) zu konstatieren.
- **Lieferantengerichteter Servicegrad**: Schließlich misst dieser Werttreiber eine negative Abweichung. Offenkundig liegen größere Lieferantenschwierigkeiten vor, als ursprünglich unterstellt. Es werden anstatt der anvisierten 4 Punkte aus dem Budget nur 3 Punkte im Actual erreicht.

Der **Vorteil** eines Kennzahlenradars liegt in seiner Simplifizierung komplexer Sachverhalte. Auch für den „Nichtfachmann" sind die Brandherde innerhalb der Supply Chain sofort zu erkennen. Hinsichtlich der hier ausgewählten acht Leistungsmessgrößen einer Lieferkette, schält sich insbesondere ein Bestandsproblem heraus.

Doch ist nicht alles Gold, was glänzt. In dem Radar werden zwar positive wie negative Abweichungen zwischen Planzahlen und Istzahlen grafisch wiedergegeben. Allerdings erhält der Betrachter keine Informationen hinsichtlich der absoluten und der relativen Varianzen. Eine Untergliederung der Skala von einem Punkt bis fünf Punkte wird diesem Anspruch nicht gerecht. Damit ist das **Problem** der Subjektivität verbunden. Das Hilfsmittel bietet je Indikator lediglich eine Skalierung von „sehr gut erfüllt" (5 Punkte) bis „sehr schlecht erfüllt" (1 Punkt). Doch hängt die Einordnung der Kennzahlen in dieses Schema von der bewertenden Person ab. Schließlich ergeben sich in dem Radar strukturelle Brüche. Gravierend kann sich diese Schwierigkeit bei Aufrundungen oder Abrundungen niederschlagen. Beispielsweise ist der Sprung von 4 Punkten („gut erfüllt") zu 3 Punkten („befriedigend erfüllt") besonders groß, wenn sich die Planung auf 4,4 Punkte belief, die Istzahlen jedoch nur 2,6 Punkte aufweisen. Durch Abrundungen und Aufrundungen suggeriert der Radar eine Diskrepanz von 1,0 Punkten, obwohl die Spannweite der negativen Abweichung 1,8 Punkte beträgt.

3.4 Grenzen des Kennzahlenmanagements einer Supply Chain

Die Überlegungen zu einer möglichen Kennzahlentypologie des Supply Chain Managements wären unvollständig, wenn neben den gezeigten Möglichkeiten nicht auch einige **Grenzen** des Kennzahlenmanagements aufgezeigt würden (vgl. zu diesen Gefahren insbesondere Siegwart 2002, S. 143 ff.).

- Inadäquanz von Kennzahlen für **nicht quantifizierbare Informationen**: Nicht quantifizierbare, oder nur bedingt quantifizierbare Sachverhalte, wie das „Wissen von Mitarbeitern", werden zum Teil in ein Zahlenkostüm gezwängt.
- **Statische Bestandsaufnahme**: Kennzahlen werden immer nur zu einem bestimmten Zeitpunkt (Augenblick) ermittelt. Eine Zeitraumbetrachtung findet nicht statt. Allerdings kann zumindest eine Art Quasi-Dynamisierung dadurch erreicht werden, indem dieselben Kennzahlen zu einem späteren Zeitpunkt noch einmal berechnet würden.
- Ermittlung von Kennzahlen über **Sekundärquellen**: Viele Indikatoren haben ihre Wurzeln in der Gewinn- und Verlustrechnung sowie der Bilanz. Etliche Werte sind aber bei der Veröffentlichung bereits überholt, da zwischen der Erstellung eines Geschäftsberichts, bis zu seiner Publizierung, in der Regel einige Zeit verstreicht.
- **Zahlenwust**: Kennzahlen zu erzeugen, ist an sich keine Kunst. Doch die Auswahl der „richtigen" (zielführenden) Größen ist zum Teil ausgesprochen schwierig. Außerdem verursachen Kennzahlenerhebungen zunächst Kosten. Es bedarf einer näheren Untersuchung, ob sich diese Kosten später amortisieren werden: „Steht der Informationswert von Kennzahlen im Verhältnis zu den notwendigen Kosten?".

- Gefahr der **isolierten Anwendung**: Die isolierte Betrachtung ausgewählter Indikatoren kann zu falschen Einschätzungen und Interpretationen der
  Gesamtlage einer Unternehmung führen. Ein Kritikpunkt am tradierten Kennzahlenmanagement, der wesentlich zur Entwicklung von Balanced Scorecards
  führte.
- **Interpretationsschwierigkeiten**: Kennzahlen zeigen immer nur das „Wo!"
  an. Sie liefern jedoch keinen Automatismus für das „Wie?". Folglich leiten
  Kennzahlen keine unmittelbaren Handlungsempfehlungen ab.

Supply Chain Performance und Supply Chain Scorecard

4

▶ **Traditionelle Kennzahlensysteme** werden den Ansprüchen eines dynamischen und turbulenten Wettbewerbsumfelds kaum gerecht. Ihnen mangelt es an Zukunftsfokussierung, da sie sich primär aus Zahlen der Vergangenheit speisen.

4.1 Allgemeine Charakterisierung

▶ Zur Überwindung der Defizite klassischer Kennzahlensysteme wurden in den frühen 90er Jahren **Performance Measurement-Konzepte** entwickelt. Diese messen die Erfolgswirksamkeit bestimmter Leistungsebenen einer Organisation. Als Leistungsebenen werden Prozesse, Geschäftseinheiten, Funktionsbereiche oder Mitarbeiter verstanden. Performance Measurement Systeme rücken drei Dimensionen von Unternehmungsleistungen gleichermaßen in den Fokus: Effektivität, Effizienz und Agilität.

Innerhalb eines **dreidimensionalen Raums**, dem so genannten „Erfolgskorridor", werden die einzelnen Leistungsebenen – zum Beispiel Produktionsprozesse innerhalb moderner Wertschöpfungsketten – bewertet. Abbildung 4.1 veranschaulicht diesen Zusammenhang. Die langfristige *Effektivitätsmessung* ist in Performance Measurement-Systemen extern gerichtet und zielt auf die verfolgte Supply Chain-Strategie. Bei der eher kurzfristig ausgelegten Supply Chain-*Effizienz* wird die Wirtschaftlichkeit des internen Ressourceneinsatzes bewertet. Schließlich steht bei

H. Werner, *Kompakt Edition: Supply Chain Controlling*,
DOI 10.1007/978-3-658-05622-3_4, © Springer Fachmedien Wiesbaden 2014

Abb. 4.1 Erfolgskorridor des
Performance Measurements

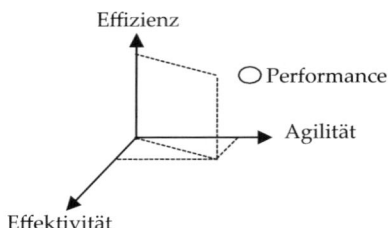

der *Agilitätsmessung* die Anpassungsfähigkeit (Wandlungsmöglichkeit) jeweiliger Leistungsbündel einer Supply Chain auf dem Prüfstand (vgl. Gleich 2011, S. 33 ff.). Der **Wertbeitrag in Supply Chains** manifestiert sich innerhalb der Performance Measurement-Systeme gleichermaßen in finanziellen Assets (Bestände, Frachtkosten) sowie intangiblen Zielen (Lieferservicegrad, Durchlaufzeit, Absatzprognosegenauigkeit). Im Mittelpunkt dieser Ansätze steht die simultane Messung der relevanten Schlüsselfaktoren einer Wertschöpfungskette (Kosten, Zeit, Qualität, Flexibilität, Service).

Innerhalb der Performancesysteme einer Supply Chain werden auf den unterschiedlichen Leistungsebenen quantitative und qualitative Werttreiber unterschieden. Quantitative Werttreiber sind budgetierbar. Sie dienen dazu, Prozesse innerhalb moderner Wertschöpfungsketten zu bewerten, Gestaltungsalternativen zu vergleichen (zum Beispiel Make-or-Buy) und betriebswirtschaftliche Konsequenzen abzuleiten. In der Supply Chain kristallisieren sich sieben Werthebel heraus, die durch geeignete Kosten- oder Leistungskennzahlen zu bewerten sind (vgl. Abb. 4.2). Einige dieser Größen richten sich unternehmungsintern aus, andere zielen auf die Bewertung netzwerkgerichteter Abläufe (vgl. Werner 2014a, S. 45):

- *Effizienzsteigerung*: Prozesskostensätze (z. B. Kosten pro Versandvorgang), Transaktionskosten (wie Anbahnungs- oder Abwicklungskosten), Total-Cost-of-Ownership-Werte (Folgekosten, beispielsweise auf Grund eines Lieferantenwechsels), Produktivitäten (vor allem Arbeitsproduktivitäten, wie Picks-pro-Stunde).
- *Qualitätsverbesserung*: SC-Backlogs (Lieferverzögerungen), Ausschuss/Nacharbeit (vorzugsweise gemessen über PPMs, Parts per Million), notwendige Retouren (auf Grund qualitativer Defizite).
- *Schnelligkeit*: Durchlaufzeit (z. B. Rüstzeit, Produktionszeit, Liegezeit, Fehlzeit), Fulfillment Time (komplette Bearbeitungszeit von Kundenaufträgen, inklusive After-Sales-Aktivitäten), Lagerumschlag (Turns pro Zeiteinheit).

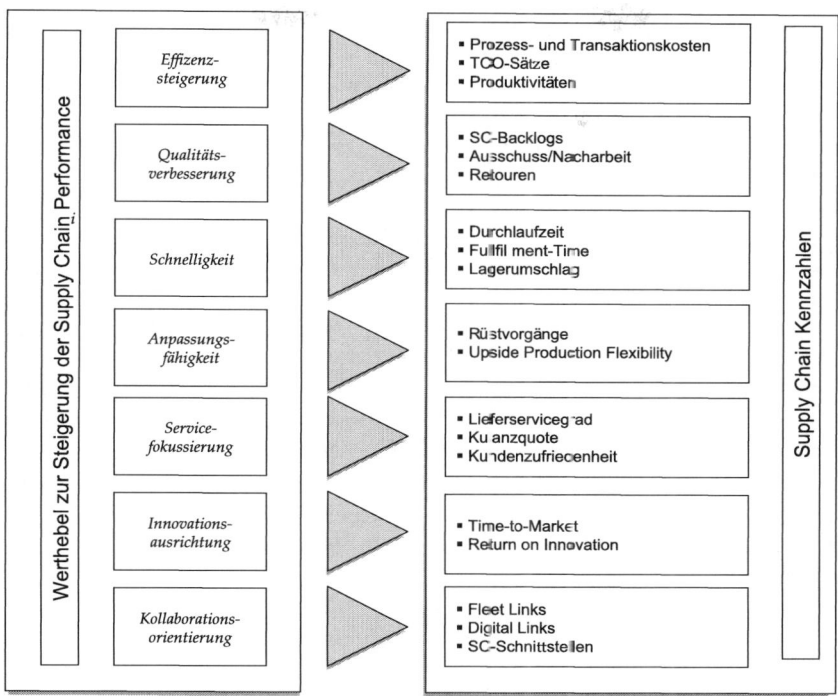

Abb. 4.2 Dimensionen der Unternehmungsleistung

- *Anpassungsfähigkeit*: Rüstvorgänge (mögliche Einrichtvorgänge pro Zeiteinheit), Upside Production Flexibility (Zeitspanne, welche eine Unternehmung benötigt, um auf eine ungeplante Nachfragesteigerung von 20 % zu reagieren).
- *Servicefokussierung*: Lieferservicegrad (qualitative, quantitative und zeitliche Bewertung von Warenzugängen, internen Abläufen oder Kundenauslieferungen), Kulanzquote (wie viel Prozent des Umsatzes fallen für Kulanzvorgänge an?), Kundenzufriedenheit (z. B. gemessen über Reklamationen oder Kundentreue).
- *Innovationsausrichtung*: Time-to-Market (Zeitspanne von der Produkt- oder Prozessentwicklung bis zum eigentlichen Marktzugang), Return on Innovation (Innovationsaufwand im Verhältnis zum finanziellen Nutzen).
- *Kollaborationsorientierung*: Fleet-Links (gemeinsam genutzte Förderzeuge in einem Wertschöpfungsverbund – z. B. in einem Multiple User Warehouse), Digital Links (kooperativ genutzte Systeme und Datenbestände in der Liefer-

kette), SC-Schnittstellen (viele Schnittstellen bedeuten hohe Transaktions- und Prozesskosten, außerdem unterminieren sie den Volumeneffekt des Einkaufs).

Ein junges Gebiet von Performance Measurement-Systemen in Wertschöpfungsketten ist die **qualitative Erfolgsmessung**. Diese „weichen" Werttreiber sind integrativer Bestandteil des *Supply Chain Relationship Managements*. Untersuchungsgegenstand sind nicht länger Material-, Informations- oder Geldflüsse, sondern soziale Verflechtungen. Die Bewertung erstreckt sich beispielsweise auf Faktoren wie Vertrauen, Verbundenheit, Kommunikation und Transparenz. Gestaltungsmöglichkeiten leiten sich aus Personalaustausch (Resident Engineering), Informationstransfer (gemeinsam genutzte Datenbestände) oder Lieferantentreffen ab (vgl. Werner 2011a, S. 600).

In den letzten Jahren hat eine konsequente Weiterentwicklung von Ansätzen des Performance Measurements stattgefunden. Diese wurden integrativer Bestandteil von **Performance Management-Systemen**. Performance Management ist der übergeordnete Bezugsrahmen, in dem das „Messen" (Measurement) der Erfolgswirksamkeit einzelner Leistungsebenen eingebunden ist. Performance Management-Systeme können in folgende Stufen untergliedert werden (vgl. in ähnlicher Form Erdmann 2007, S. 89):

- **Phase 1 (Framework)**: Zunächst sind die grundsätzlichen Ziele der Leistungsebenen zu identifizieren. Diese richten sich im Schwerpunkt auf dem Markt aus (Kundenwünsche, Ressourcenverfügbarkeit).
- **Phase 2 (Design)**: Anschließend werden die Zielkomponenten („Oberziele") zwischen den einzelnen Mitgliedern einer Wertschöpfungskette festgelegt. Diese sind beispielsweise Vorgaben für Kapazitätsauslastungsgrade jeweiliger Produktionsstandorte.
- **Phase 3 (Managing)**: Im nächsten Schritt leiten sich die Austauschprozesse zwischen den Leistungsebenen ab. Dazu werden jeweilige „Unterziele" für die einzusetzenden Ressourcen determiniert. In diesem Zusammenhang sind kontinuierliche Effizienzsteigerungsprozesse einzuleiten.
- **Phase 4 (Measurement)**: Jetzt erfolgt die Messung der zuvor festgelegten Oberziele und Unterziele einer Supply Chain.
- **Phase 5 (Control)**. Schließlich werden in der Supply Chain fortwährende Leistungsüberwachung und Kontrolle abgesichert.

Wie oben deutlich wird, findet die Leistungsbewertung im vierten Arbeitsschritt eines Performance Managements statt: Performance Measurement ist somit einer der prägenden fünf Bausteine eines Performance Management-Systems (vgl.

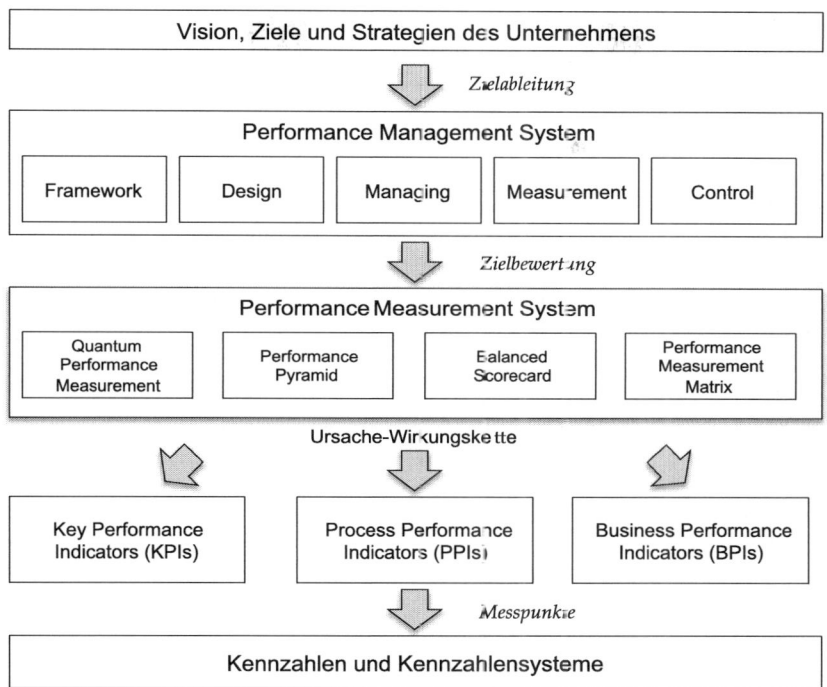

Abb. 4.3 Performance Management in Supply Chains

Abb. 4.3). Im Zeitablauf kristallisierten sich wiederum unterschiedliche Ausprägungsformen von **Performance Measurement-Konzepten** heraus. Diesbezüglich ist die Balanced Scorecard sicherlich der bekannteste Vertreter.

Die Ausarbeitung der Balanced Scorecard basiert zu weiten Teilen auf der **Performance Pyramid**. Diese wurde ca. zwei Jahre vor der Scorecard entwickelt (vgl. Cross und Lynch 1998). Im Fokus dieses Performance Measurement-Konzepts stehen die Interessen von Kunden, Anteilseignern und Mitarbeitern. Aus der Vision leiten sich die strategischen Ziele einer Organisation ab. Das Fundament der Pyramide sind die externe Effektivität und die interne Effizienz. Aktivitäten manifestieren sich in Kausalzusammenhängen (*Blocks of Success*): Pünktliche Auslieferungen an die Kunden (Arbeitsplatzebene) steigern die Kundenzufriedenheit (Hautgeschäftsprozessebene). Dadurch gewinnt die übergeordnete Geschäfteinheit Marktanteile (Ursache-Wirkungs-Kette). Nicht finanzielle

Ziele (*Non Financials*) werden in der Performance Pyramid in finanzielle Größen (*Financials*) übergeleitet. Beispielsweise führen Qualitätsverbesserungen zu reduzierten Ausschuss- und Nacharbeitsraten, was der Entlastung des operativen Ergebnisses (EBIT) dient.

Weitere Performance Measurement-Ansätze sind das Quantum Performance Measurement und die Performance Measurement-Matrix. Das **Quantum Performance Measurement** ist ein System zur Leistungsbewertung, das sich insbesondere auf das strategische Dreieck ausrichtet: Die Schlüsselgrößen Kosten, Zeit und Qualität werden in Wert- und Servicerelationen zueinander abgebildet. Innerhalb der **Performance Measurement-Matrix** spannt sich ein zweidimensionaler Bewertungsrahmen, in dem aufgezeigt wird, wie gut die angepeilten Primärziele einer Organisation (z. B. Produktivitätssteigerung) mit den zur Verfügung stehenden Erfolgsbündeln erbracht werden konnten.

Zur Ausgestaltung von Performance Measurement-Systemen wird primär die **Balanced Scorecard** herangezogen (vgl. Horváth et al. 2004; Kaplan und Norton 1997, 2006; Preißner 2011). Darin findet sich eine **Ausgewogenheit** *(Balanced)* verschiedenartiger Attribute einer Supply Chain:

- Strategische Kennzahlen und operative Kennzahlen.
- Monetäre Größen und nicht-monetäre Größen.
- Langfristige Positionen und kurzfristige Positionen.
- Kostentreiber und Leistungstreiber.
- Harte Faktoren und weiche Faktoren.
- Interne Prozesse und externe Prozesse.
- Vergangene Leistungen und zukünftige Leistungen.

Die Visualisierung von Kennzahlen erfolgt auf einem **Berichtsbogen** (*Scorecard*). Im Mittelpunkt stehen die Vision (Außendarstellung, beispielsweise „Steigerung des Shareholder Value") und die Mission (quantifizierbare Innendarstellung, beispielsweise „Erhöhung des absoluten Marktanteils um 7 % in den nächsten fünf Jahren") einer Organisation. Sie werden vom Top Management vorgegeben. Die Vision und die Mission sind durch Strategien und Aktivitäten umzusetzen, wobei sich diese Transformation in der Regel über vier generische Perspektiven ableitet: Finanzperspektive, Kundenperspektive, interne Prozessperspektive sowie Lern- und Entwicklungsperspektive (Innovationsperspektive). Um die Balanced Scorecard nicht zu überladen, sind für jede Dimension nicht mehr als fünf bis sieben Kennzahlen zu bilden.

Die **Finanzperspektive** spiegelt die Auswirkungen von Aktivitäten auf die Rentabilität sowie die Vermögens-, Kapital- und Ergebnislage einer Unternehmung. Es finden sich darin in der Supply Chain monistische Messgrößen (wie Lagerumschlagshäufigkeit, Frachtkosten oder gesamte Supply Chain-Kosten). Eine Dynamik der Balanced Scorecard kommt zum Ausdruck, indem sich wandelnde Geschäftsstrategien in die Finanzperspektive fließen. Die eingesetzten Kennzahlen richten sich unternehmungsintern als auch netzwerkgerichtet aus. Charakteristisch für eine Balanced Scorecard ist die Verknüpfung der restlichen drei Perspektiven mit der Finanzsicht: In einer Ursache-Wirkungs-Kette (*Kausalität*) speist sich der Finanzerfolg aus den Ergebnissen von Kunden-, interner Prozess- sowie Lern- und Entwicklungsperspektive.

Mögliche Kennzahlen der **Kundenperspektive** sind Kundenzufriedenheit, Kundenakquisition, Kundentreue und Marktanteil. Eine Organisation identifiziert Segmente, in denen sie zukünftig agieren möchte. In Anlehnung an die Wertschöpfungskette von *Porter*, kann die Kundenperspektive zur **Marktperspektive** erweitert werden. Daraus resultiert die Möglichkeit zur expliziten Berücksichtigung von Lieferanten- *und* Konkurrenzattributen.

Die Ziele von Finanz- und Kundenperspektive leiten sich aus den **Unternehmungsprozessen** ab. Dazu werden kritische Vorhaben lokalisiert und Kernkompetenzen aufgebaut. Die gesamte Wertschöpfungskette wird abgedeckt: Vom Kundenauftrag bis zur Bezahlung („Order-to-Payment"). Als möglicher strategischer Bezugsrahmen dient die Verbesserung der prägenden Schlüsselgrößen des Wettbewerbs (Kosten, Zeit, Qualität und Flexibilität).

Die vierte Perspektive orientiert sich an der Infrastruktur einer Supply Chain. Diese Dimension ist eine Plattform für die restlichen drei Perspektiven. Mögliche Messgrößen der **Lern- und Entwicklungsperspektive** sind Mitarbeiterzufriedenheit, Mitarbeitertreue und die Anzahl umgesetzter Verbesserungsvorschlägen pro Periode. Eine Beeinflussung dieser Messgrößen ist durch die Einleitung kontinuierlicher Verbesserungsprozesse (Continuous Improvement) und Schulungs- sowie Weiterbildungsmaßnahmen möglich.

Diese vier Dimensionen sind zumeist die Bestandteile einer **generischen** Scorecard. Unterhalb dieses allgemein gültigen Berichtsbogens können weitere Scorecards („Sub-Scorecards") aufgebaut werden. Zum Beispiel besteht die Möglichkeit, für die Bereiche Einkauf oder Engineering spezielle Scorecards zu erstellen. Es ist jedoch darauf zu achten, dass diese „Berichtsbögen der zweiten Ebene" sowohl untereinander als auch mit der generischen Scorecard abgestimmt sind, damit kein „Wildwuchs" an Scorecards innerhalb einer Unternehmung entsteht.

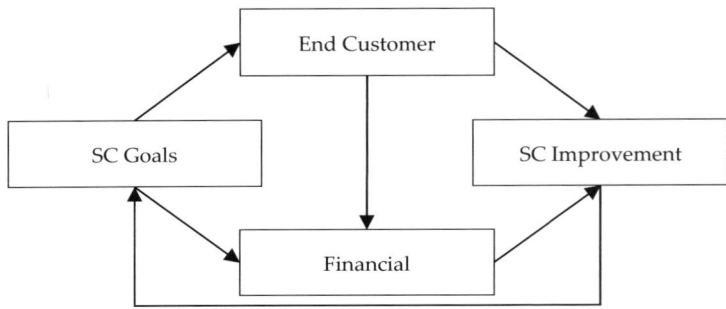

Abb. 4.4 Supply Chain Scorecard nach Brewer/Speh

4.2 Alternative Supply Chain Scorecards in der Diskussion

Die Aufstellung von Balanced Scorecards ist, wie erwähnt, nicht nur auf generische Weise möglich. Scorecards sind sehr wohl auch für betriebliche Funktionsbereiche, Standorte oder Profit Center zu generieren. Die weiteren Ausführungen beziehen sich im Schwerpunkt auf die Ausgestaltung moderner Netzwerkkooperationen. Diesbezüglich werden **alternative Supply Chain Scorecards** diskutiert:

- Supply Chain Scorecard nach *Brewer/Speh.*
- Supply Chain Scorecard nach *Stölzle/Heusler/Karrer.*
- Supply Chain Scorecard nach *Weber/Bacher/Groll.*
- Supply Chain Scorecard nach *Richert.*
- Supply Chain Scorecard nach *Werner.*

4.2.1 Ansatz nach *Brewer/Speh*

Die Supply Chain Scorecard nach *Brewer* und *Speh* (vgl. Brewer und Speh 2000) basiert im Kern auf den vier bekannten Perspektiven der generischen Scorecard nach *Kaplan* und *Norton* (vgl. Kaplan und Norton 1997). Daraus leiten *Brewer* und *Speh* einen Ansatz ab, den sie **Supply Chain Management Performance Framework** nennen (vgl. Brewer und Speh 2000, S. 75 ff.). Abbildung 4.4 visualisiert diese Gedanken in übersichtlicher Weise. Die Inhalte des Bezugsrahmens werden in der Folge beschrieben (vgl. Brewer und Speh 2000, S. 86).

- **Financial Benefits** („Finanzieller Nutzen"): Zur Wahrung der Financial Benefits, benennen *Brewer* und *Speh* Anstrengungen zur Steigerung von Profitabilität, Cash Flow, Ertrag sowie Rentabilität (wobei sie diese über ROA messen). Allerdings erscheint der Vorschlag, die Erhöhung der Finanzmittelüberschüsse über die Kennzahl Cash-to-Cash-Cycle messen zu wollen, wenig sinnvoll, da neben diesem eine Vielzahl weiterer Einflussgrößen auf den Cash Flow wirken (zum Beispiel Rückstellungen, Abschreibungen, Wertberichtigungen oder die Aktivierung von Eigenleistungen).

- **(End) Customer Benefits** („Kundennutzen"): Die Kundenperspektive dieser Balanced Scorecard zielt auf den ultimativen Endverbraucher. Als ein mögliches Ziel der Dimension arbeiten *Brewer* und *Speh* den Kundenmehrwert heraus, welchen sie über die Kennzahl „Customer Valuation Ratio" messen. Die Definition dieser Größe geben die Verfasser allerdings nicht preis. Weitere Ziele dieser Dimension bestehen beispielsweise in der Verbesserung der Produkt- und Servicequalität, einem Herunterfahren von Wartezeiten und der Flexibilitätssteigerung.

- **Supply Chain Goals** („Allgemeine Supply Chain-Ziele"): Zur Wahrung der allgemeinen Supply Chain-Ziele, lehnen sich *Brewer/Speh* an die interne Prozessperspektive der generischen Balanced Scorecard. Diesbezüglich führen die Autoren die Reduzierung von Ausschussraten, das Pushen der Durchlaufzeiten, eine Flexibilitätserhöhung sowie eine Sachkostenreduzierung als Zieldeterminanten an.

- **Supply Chain Improvement** („Supply Chain-Verbesserung"): Die Lern- und Entwicklungsperspektive der generischen Scorecard nach *Kaplan* und *Norton* leistet den strategischen Überbau zur Ausfüllung dieser Dimension. Nach *Brewer* und *Speh* sind Anstrengungen eines Supply Chain Managements vor allem in Richtung Prozessinnovation, Schnittstellenmanagement, Informationsfluss und Wettbewerbsanalyse zu erbringen.

Die Kennzahlenfindung in der Supply Chain Scorecard nach *Brewer* und *Speh* richtet sich nach der Philosophie „Hope" aus (vgl. Brewer und Speh 2001, S. 50 ff.). Der plakative Wunsch nach **„Hope"** steht für „Harmonized", „Optimal", „Parsimonious" and „Economical".

- **Harmonized**: Die Kennzahlen der Supply Chain Scorecard nach *Brewer/Speh* streben nach *Harmonisierung*. Darunter verstehen die Protagonisten eine ausgeprägte Interaktion zwischen den KPI. Sollten Zielkonflikte auftreten, sind diese offen zu legen und proaktiv zu bewältigen. Wenn auch nicht explizit erwähnt, streben *Brewer* und *Speh* bei ihrer Kennzahlenauswahl wohl nach einer weitgehenden Vermeidung von **Trade-offs**: Eine Verbesserung von Produktivitäts- und Wirtschaftlichkeitskennzahlen um jeden Preis ist abzulehnen, wenn sie beispielsweise zur Verschlechterungen von Qualitätsindikatoren führen würden.

- **Optimal**: Eine Mischung *optimaler* Leistungsgrößen schützt nach *Brewer* und *Speh* vor Extremismus. Beispielsweise rüttelt ein überproportionaler Krankenstand von Mitarbeitern sicherlich das Management wach. Dieser Anspruch reiht sich nahtlos an den Wunsch nach Harmonisierung.

- **Parsimonious**: Die Forderung nach *Sparsamkeit* bezieht sich auf eine geringe Korrelationen zwischen ausgewählten Key Performance Indicator. Anders ausgedrückt sind Pleonasmen zu vermeiden. Wird beispielsweise in der Finanzperspektive bereits über ROCE gemessen, bedarf es nicht der zusätzlichen Integration von ROA in diese Finanzsicht.

- **Economical**: Schließlich ist eine Kennzahl *wirtschaftlich*, wenn die Kosten zu ihrer Datenerhebung nicht den Nutzen dieser Größe überkompensieren (latente Gefahr von Trade-offs).

4.2.2 Ansatz nach *Stölzle/Heusler/Karrer*

Eine weitere Alternative zur Diskussion um Supply Chain Scorecards stellt das Konzept nach *Stölzle et al.* dar (vgl. Stölzle et al. 2001, S. 75 ff.). Der **Bezugsrahmen** dieses Ansatzes findet sich in den Überlegungen von *Cooper et al.* (vgl. Cooper et al. 1997, S. 1 ff.). Letzte verweisen auf einen Regelungsprozess moderner Lieferketten, welchen ausgeprägte „Dynamik, Komplexität und Intransparenz" immanent sei.

Die Perspektiven der Scorecard nach *Stölzle/Heusler/Karrer* entsprechen denen von *Kaplan* und *Norton* weitgehend. *Stölzle et al.* erweitern diese bekannten Betrachtungsebenen jedoch um eine **Lieferantendimension**, da somit nicht nur Attribute des Outputs (Kundenperspektive), sondern auch die des Inputs (Lieferantenperspektive) abgedeckt sind. Vgl. zu dieser Modifizierung der Supply Chain Scorecard auch Werner 2000g und h. Abbildung 4.5 vgl. Stölzle et al. 2001, S. 81) spiegelt diese Überlegungen.

Zur Entwicklung ihrer Scorecard propagieren *Stölzle/Heusler/Karrer* eine **kombinierte Bottom-Up und Top-Down-Vorgehensweise**. Nach den Verfassern sind Bottom-Up potenzielle Engpassfaktoren in den Supply Chain Prozessen herauszuarbeiten. Top-Down erfolgt die Verabschiedung von Visionen und Strategien der Scorecard. Diese kombinierte Top-Down-Bottom-Up-Vorgehensweise ermöglicht eine Verifizierung der Ergebnisse hinsichtlich ihres Pragmatismus. Außerdem verringern sich dadurch Akzeptanzprobleme in Linienorganisationen. Zur **Per-**

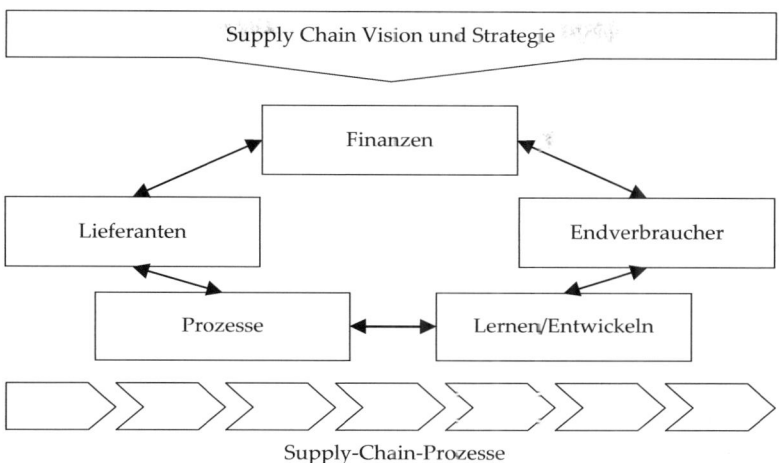

Abb. 4.5 Supply Chain Scorecard nach Stölzle/Heusler/Karrer

formancemessung schlagen die Autoren sowohl selektive wie auch über die Grenzen der Unternehmung greifende Kennzahlen vor. Beispielhaft dafür stehen Cash-to-Cash-Cycle oder die „Supply-Chain-Cycle-Time" (der Abgleich zwischen Durchlaufzeit und Wertschöpfungszeit).

4.2.3 Ansatz nach *Weber/Bacher/Groll*

Regen Charme versprüht die Supply Chain Scorecard nach *Weber et al.* (vgl. Weber und Wallenburg 2010, S. 245 ff.). Wie die generische Scorecard nach *Kaplan* und *Norton*, berücksichtigt der Ansatz vier Perspektiven. Die Finanzdimension wie auch die (interne) Prozesssicht entsprechen inhaltlich weitgehend den Überlegungen von *Kaplan/Norton*, wobei nach *Weber et al.* der Fokus auf dem Supply Chain Management liegt (vgl. Abb. 4.6).

Das wirklich **Neue** an dem Konzept sind die Perspektiven Kooperationsintensität und Kooperationsqualität. Inhaltlich wie strukturell modifizieren *Weber/Bacher/Groll* den bekannten Strukturrahmen nach *Kaplan* und *Norton*. Die einzelnen KPIs in den Perspektiven sind mit einer ausgeprägten Supply-Chain-Affinität ausgestattet. Im Kern strebt die Supply Chain Scorecard von *Weber et al.* nach der Abbildung unternehmungsinterner wie auch unternehmungsübergreifen-

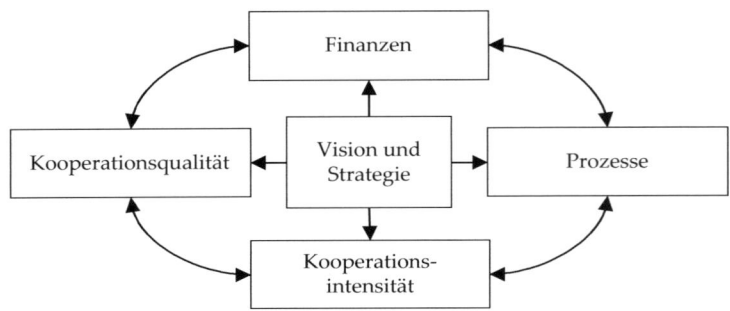

Abb. 4.6 Supply Chain Scorecard nach Weber/Bacher/Groll

der Attribute. Durch die Berücksichtigung einer Kooperationsintensität und einer Kooperationsqualität entfallen explizit die Kunden- sowie die Lern- und Entwicklungsperspektive nach *Kaplan* und *Norton*. Inhaltlich werden deren Auszüge unter die Kooperationsdimensionen subsumiert.

Nachstehend sind die fundamentalen Aussagen von *Weber/Bacher/Groll* hinsichtlich der Kooperationsintensität und der Kooperationsqualität wiederzugeben (vgl. Weber und Wallenburg 2010, S. 245 ff.).

- **Kooperationsintensität**: Die Kooperationsintensität gilt der Darstellung *harter* Faktoren, um den Grad außerbetrieblicher Zusammenarbeit im Partnergeflecht zu messen. Beispielhaft steht dafür das Ziel „Datenaustausch zwischen den Partnern verbessern", welches über den KPI „Qualität und Quantität ausgetauschter Datensätze" gemessen wird.
- **Kooperationsqualität**: Das Pendant zur Kooperationsintensität stellt die Kooperationsqualität dar. In dieser finden sich die *weichen* Faktoren einer Supply Chain wieder. Dieser Bezugsrahmen widmet sich der Identifizierung von Zufriedenheitsindizes oder Konfliktpotenzialen.

Laut *Weber et al.* (vgl. Weber und Wallenburg 2010, S. 247) ist die Heranziehung einer expliziten **Kundendimension** im Rahmen der Erstellung einer Supply Chain Scorecard nicht notwendig. Sie begründen diese Aussage, indem sich diese auf den Endkunden bezöge. Und nur ein Endproduzent in einer Lieferkette hätte direkten Kontakt mit eben jenem ultimativen Endverbraucher.

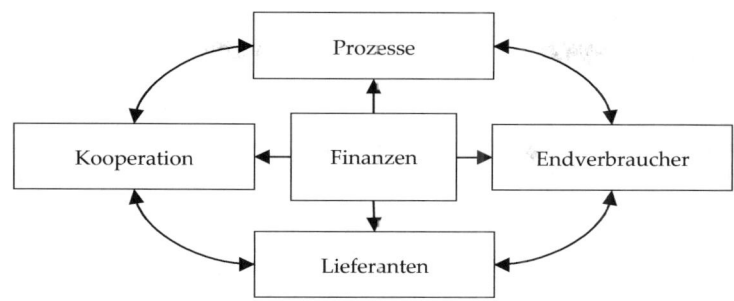

Abb. 4.7 Supply Chain Scorecard nach Richert

Ebenfalls sei auf eine **Lern- und Entwicklungsdimension** zu verzichten. Diese hätte nur einen Einzelbezug innerhalb einer Organisation und keine direkte Verbindung zu den weiteren Akteuren der Lieferkette.

Im Grundsatz ist die Integration der beiden Kooperationsperspektiven in eine Supply Chain Scorecard sehr zu begrüßen, da ihre Inhalte den Ansprüchen an ein unternehmungsübergreifendes Netzwerkmanagement entsprechen. Es sei allerdings der Einwand gewährt, ob die Grenze zwischen harten (Kooperationsintensität) und weichen (Kooperationsqualität) Faktoren wirklich immer zu ziehen ist. Harte und weiche Indikatoren innerhalb einer „**Kooperationsdimension**" miteinander zu verschmelzen könnte allerdings zu einer Überfrachtung an strategischen Zielen und Messindikatoren innerhalb einer Perspektive führen.

4.2.4 Ansatz nach *Richert*

Die nächste hier diskutierte Supply Chain Scorecard geht auf *Richert* zurück (vgl. Richert 2006). Insgesamt basiert das Konzept auf fünf Säulen, von denen vier gute Bekannte sind: Die Überlegungen zur Finanz-, Kunden-, (internen) Prozess- sowie Lern- und Entwicklungsperspektive orientieren sich weitgehend an den Ausarbeitungen von *Kaplan* und *Norton* (vgl. Abb. 4.7). Den fünften Mosaikstein bezeichnet *Richert* als „**Kooperationsperspektive**" (vgl. Richert 2006, S. 87 f.).

Der Verfasser (vgl. Richert 2006, S. 89) begründet die Erweiterung der generischen Scorecard um die Kooperationssicht mit der dortigen Berücksichtigung struktureller, sozialer sowie technischer Faktoren.

- **Strukturelle Merkmale:** Das Supply Chain Management befindet sich nach *Richert* (vgl. Richert 2006, S. 89) im latenten Spannungsfeld zwischen Flexibilität (zum Beispiel die Abdeckung „ausgefallener" Kundenwünsche) und Stabilität (um den beteiligten Akteuren das Gefühl von Sicherheit zu vermitteln). Die strukturellen Attribute einer Lieferkette zielen auf grundlegende Entscheidungen, wie die Partnerauswahl oder die Identifikation der „richtigen" Prozesse.
- **Soziale Merkmale:** Bezogen auf die sozialen Inhalte einer Supply Chain, stellt *Richert* (vgl. Richert 2006, S. 89) das „Vertrauen" im Partnergeflecht heraus. Der Autor orientiert sich diesbezüglich an den Ausführungen von *Brewer/Speh* (vgl. Brewer und Speh 2001, S. 50). Wird ein entgegengebrachtes Vertrauen von einem Partner jedoch missbraucht, kann dies zu bedrohlichen Wettbewerbssituationen führen (beispielsweise die unrechtmäßige Weitergabe sensiter Informationen).
- **Technische Merkmale:** Schlussendlich ist die Kooperationsdimension von technischen Faktoren getrieben. Darunter versteht der Verfasser den organisatorischen Aufbau und den Ablauf im Schnittstellenmanagement. Beispielhaft dafür steht eine EDI-Anbindung, die den Anspruch nach Standardisierung innerhalb einer Supply Chain sichert (vgl. auch die strukturellen Merkmale der Kooperationsperspektive).

Die Abgrenzung der Kooperationssicht zur Kundenperspektive möchte *Richert* rechtfertigen, indem er letzte ausschließlich auf den „ultimativen Endkunden" (Richert 2006, S. 86) bezieht. Er misst die Performance in der Kooperationsdimension beispielsweise über „Squeeze-in-Time": Die Zeitspanne (in Tagen) die verstreicht, bis ein neuer Partner in die Supply Chain vollständig integriert ist.

4.2.5 Ansatz nach *Werner*

In den folgenden Ausführungen wird eine eigenständige Balanced Scorecard für das Supply Chain Management entwickelt (vgl. Werner 2011a). Die Inhalte basieren teilweise auf den Überlegungen des Verfassers hinsichtlich der Generierung einer Supply Chain Scorecard aus dem Jahr 2000 (vgl. Werner 2000g, h). Auf Grund der Dynamik um das Supply Chain Management im Allgemeinen sowie der Supply Chain Scorecard im Besonderen, wird der vor einigen Jahren erstellte Ansatz im Folgenden überarbeitet (vgl. Werner 2013a). Diese **Modifizierungen** beziehen sich sowohl auf die zu berücksichtigenden Perspektiven, als auch die dort einzusetzenden Performance Indicators.

Die hier vorgeschlagene Balanced Scorecard für ein Supply Chain Management speist sich aus **fünf Perspektiven.** Dabei werden drei Dimensionen der generischen Scorecard nach *Kaplan* und *Norton* im Grundsatz übernommen: Die Finanz-, die Kunden- und die (interne) Prozessperspektive. Jedoch ist deren inhaltliche Ausgestaltung speziell auf das Management von Supply Chains zugeschnitten. Einen erweiterten Bezugsrahmen bieten die Lieferanten- und die Integrationsperspektive (vgl. Werner 2013a, S. 436).

Verglichen mit der generischen Scorecard nach *Kaplan* und *Norton*, **verzichtet** die hier vorgestellte Supply Chain Scorecard auf eine separate **Lern- und Entwicklungsperspektive.** Einerseits umspannen die strategischen Ziele der Lern- und Entwicklungsdimension letztendlich die gesamte Unternehmung. Ihre Inhalte lassen sich den erwähnten fünf Perspektiven der Supply Chain Scorecard trefflich zuordnen (wobei im Schwerpunkt ein Bezug zur Prozessdimension erfolgt). Andererseits besteht hinsichtlich der strategischen Ausrichtung der Lern- und Entwicklungsperspektive lediglich ein Bezug auf die Einzelorganisation. Weitere Akteure einer Supply Chain (Lieferanten, Kunden, Wettbewerber oder Handelspartner) bleiben von den Überlegungen der Lern- und Entwicklungsperspektive des Herstellers weitgehend ausgeschlossen (vgl. auch Weber und Wallenburg 2010, S. 227 f.).

Eine nähere Charakterisierung der fünf Dimensionen dieser Supply Chain Scorecard erfolgt nachstehend. Die Mehrzahl der unten diskutierten Key Performance Indicators ist der **Kennzahlentypologie des Supply Chain Managements** entlehnt (vgl. Gliederungspunkt 3.2 ff.). Für jede Perspektive sind die Messgrößen strategischen Zielen zugeordnet. Abbildung 4.14 stellt die Supply Chain Scorecard in übersichtlicher Weise dar.

4.3   Perspektiven der Supply Chain Scorecard

4.3.1   Finanzperspektive

Die Ziele der Finanzsicht einer Supply Chain Scorecard stehen in ausgeprägter Interaktion zu den übrigen vier Dimensionen des Konzepts. Der Erfolg (oder Misserfolg) der weiteren Perspektiven strömt in die Finanzsicht. Die **monetär geprägten Indikatoren** decken eine umfassende Spannbreite an Finanzzielen der Lieferkette ab. In diesem Kontext werden im Folgenden die herausragenden Zielkorridore Erfolg, Liquidität, Rentabilität, Wert, Bestand und Kosten näher untersucht (vgl. Gunasekaran et al. 2001, S. 36; Ueberall 2006, S. 74; Werner

	Strategische Ziele	*Mögliche Kennzahlen*
Finanzen	Sicherung/Steigerung 　▣ *Erfolg*	Umsatzwachstum, Rohertrag, EBIT, Jahresüberschuss
	▣ *Liquidität*	Cash Flow, Cash-to-Cash-Cycle
	▣ *Rentabilität*	ROCE, ROA, ROS, ROTC, ROI
	▣ *Wert*	Economic Value Added (EVA)
	Senkung 　▣ *Bestand*	Lagerreichweite, Turn Rate
	▣ *SupplyChain-Kosten*	Transportkosten, Totale Supply Chain-Kosten

Abb. 4.8 Strategische Ziele und KPIs der Finanzperspektive

20013a, S. 428). Abbildung 4.8 zeigt die strategischen Ziele der Finanzperspektive – unter Zuordnung möglicher Performanzindikatoren – auf. Die anvisierten finanziellen Positionen sind in die zwei **primären strategischen Zielfelder** „Sicherung/Steigerung" (Erfolg, Liquidität, Rentabilität und Wert) sowie „Senkung" (Bestand und Supply-Chain-Kosten) eingeteilt.

- **Erfolg**: Das Erreichen (oder Nichterreichen) des finanziellen „Erfolgs" ist in der Gewinn- und Verlustrechnung abzulesen. Mögliche Kennzahlen der Erfolgsmessung sind die Eckdaten der Ergebnisrechnung: *Umsatz/Umsatzwachstum* (Sales Revenue), *Rohertrag* (Gross Profit), *operatives Ergebnis* (EBIT) oder *Jahresüberschuss* (Net Income).
- **Liquidität**: Ein weiteres strategisches Finanzziel der Supply Chain Scorecard besteht in der Sicherung von Liquidität, um gegenüber den Zahlungsverpflichtungen Dritter gewappnet zu sein. Als KPIs finden der Finanzmittelüberschuss (*Cash Flow*) und der *Cash-to-Cash-Cycle* Einsatz.
- **Rentabilität**: Allgemein beschreibt die Rentabilität den Rückfluss eingesetzten Kapitals. Für ein Supply Chain Management bietet sich beispielsweise die

Integration des ROCE in die Finanzperspektive an. Wie bereits ausführlich charakterisiert (vgl. Gliederungspunkt 3.1.2) berechnet sich *ROCE* aus der Division des EBIT zum eingesetzten Kapital. Alternativ zu dem Return on Capital Employed können *ROA* (Return on Assets), *ROS* (Return on Sales), *ROTC* (Return on Total Capital) oder *ROI* (Return on Investment) in die Scorecard fließen. Welche Größe auch immer ausgewählt wird, einer dieser Renditeindikatoren sollte in der Supply Chain Scorecard enthalten sein.

- **Wert**: Wertsteigerungskonzepte finden in der modernen Betriebswirtschaftslehre mittlerweile breiten Raum. Deren Berücksichtigung ist auch für das Supply Chain Management von Bedeutung. In diese Scorecard geht der wohl bekannteste Vertreter von Wertsteigerungsgrößen ein, der *Economic Value Added* (EVA). Zur Diskussion um den Economic Value Added vgl. Gliederungsabschnitt 8 ff.

- **Bestand**: In der Kennzahlentypologie um das Supply Chain Management stachen unter den Bestandszielen die beiden „Könige" *Reichweite des Lagers* sowie *Umschlaghäufigkeit des Lagers* heraus. Einer der beiden Indikatoren sollte in die Finanzperspektive der Scorecard einziehen, um die Kapitalbindung zu messen. Zur kalkulatorischen Verrechnung auf den EBIT, sind Bestandseffekte über den Weighted Average Cost of Capital zu verzinsen.

- **Kosten**: Die oben beschriebenen Bestandskosten können auch unter diesen Punkt gefasst werden (je nach Bedeutung des Vorratsvermögens für eine Unternehmung). Ansonsten fallen beispielsweise *Transportkosten* und totale *Supply-Chain-Kosten* in diese Kategorie der Finanzperspektive.

4.3.2 Kundenperspektive

Die Kundenperspektive von Scorecards zielt zumeist auf den ultimativen Endverbraucher (**Business-to-Customer**). Richten Unternehmungen ihr Geschäft auf den Endverbraucher aus, ist die explizite Berücksichtigung einer Kundendimension für die Supply Chain Scorecard unerlässlich (beispielsweise im Handel). Doch auch für institutionelle Abwicklungen (**Business-to-Business**) sind Supply Chain Scorecards mit einer eigenen Kundendimension denkbar:

- Tendenziell gilt, dass bei einem **Customization** die Sogwirkung des Endverbrauchers sehr ausgeprägt vorliegt. Dann zieht der ultimative Endkunde die Produkte auch aus den – innerhalb der Lieferkette weiter hinten positionierten – Herstellern. Beispielhaft dafür steht der Autobau. Ein Produzent von Kabelbäumen orientiert sich in seinem Herstellungsprozess an verschiedenen Wünschen von ultimativen Autokäufern (Preis, Zuverlässigkeit, Sicherheit, Image oder

Exklusivität). In Abhängigkeit von der jeweiligen Zielgruppe des Autobauers (OEM), kann der Kabelbaumhersteller seine Produkte entsprechend ausrichten. Mit einer Befriedigung der Wünsche des Endkunden deckt der Lieferant die Anforderungen der Automobilindustrie fast automatisch mit ab.

- Wenn in einer Supply Chain hingegen die Anforderungen nach **Standardisierung** majorisieren, streben die in eine Lieferkette einbezogenen Hersteller nach der Befriedigung der Wünsche direkt folgender Wertschöpfungsstufen. Im Investitionsgütersektor orientiert sich beispielsweise ein Produzent von Weißblechdosen an den Vorgaben und Anforderungen der unmittelbar folgenden Lieferstufe. Diese kann ein Produzent von Dosensuppen sein, welcher diese in Weißblechdosen abfüllt. Die Befriedigung der Wünsche ultimativer Endverbraucher spielt in diesem Fall nur eine untergeordnete Rolle.

Einige Elemente dieser Dimension ähneln denen der generischen Scorecard nach *Kaplan/Norton*. Sie richten sich allerdings speziell auf die Ansprüche an ein Supply Chain Management aus. In Abb. 4.9 finden sich strategische Ziele und vorgeschlagene Indikatoren zu deren Messung. Die **primären strategischen Zielsegmente** der Kundenperspektive stellen insbesondere „Zufriedenheit und Service" (Kundentreue/Kundenzufriedenheit und Kundenreklamationen), „Akquisition" (Neukundengewinnung und Marktanteil), „Planungssicherheit" (Order Fulfillment, Absatzprognosegenauigkeit) sowie „Lernen/Entwickeln" (Innovation) dar.

- **Kundentreue**: Zur Steigerung der Kundentreue setzen die Marktpartner mittlerweile recht raffinierte Hilfsmittel ein (wie Pay-Back-Kartensysteme). Seit Untersuchungen ergaben, dass über 90 % der Kunden abwandern, ohne sich zu beschweren, hat die Kundentreue an Bedeutung gewonnen. Dieser Tatbestand wiegt umso schwerer, weil es durchschnittlich vier- bis fünfmal teurer ist, neue Kunden zu gewinnen, als bestehende Abnehmer zu halten. Das strategische Ziel einer *Kundenzufriedenheit* korreliert hochgradig mit der Kundentreue. Doch ist die Ermittlung dieser Kennzahl im Endkundengeschäft (B2C) ausgesprochen schwierig. In einem B2B-Segment hingegen ist ein Kundenfeedback vergleichsweise leicht zu erhalten. Dort können ausgehende Lieferservicegrade, Zurückweisungsquoten oder Verzugsquoten direkt gemessen werden.
- **Kundenreklamationen**: Eine weitere Zielsetzung der Kundensicht ist die Senkung an Reklamationen. Auch diese Kennzahl steht in enger Verbindung zur Kundenzufriedenheit. Ihre Messung kann im B2B-Segment über den ausgehenden Lieferservicegrad (sowie dessen Unterkennzahlen *Zurückweisungsquote* und *Verzugsquote*) erfolgen. Doch auch im Endkundengeschäft verfügt der

	Strategische Ziele	*Mögliche Kennzahlen*
Kunden	Zufriedenheit und Service ▓ *Kundentreue/-zufriedenheit* ▓ *Kundenreklamation*	Kundentreueindex, Kundenzufriedenheitsindex Ausgehender Servicegrad
	Akquisition ▓ *Neukundengewinnung* ▓ *Marktanteil*	Umsatzanteil Neukunden Relativer Marktanteil, Absoluter Marktanteil
	Planungssicherheit ▓ *Order Fulfillment* ▓ *Absatzprognosegenauigkeit*	Order Fulfillment Time Forecast Accuracy
	Lernen/Entwickeln ▓ *Innovation*	Neuproduktrate

Abb. 4.9 Strategische Ziele und KPIs der Kundenperspektive

After-Sales-Bereich – in Zeiten des Customer Relationship Managements – durchaus über KPIs, die diese Forderung unterstützen (wie *Reklamationen pro Produkt und Zeiteinheit*).

- **Kundenneugewinnung**: Die Messung der Kundenakquisition kann über den Werttreiber *Umsatzanteil Neukunden* erfolgen. Beispielsweise wird die EC-Karte als Zahlungsmittel diesbezüglich als Identifikationsmittel dienen können.
- **Marktanteil**: Grundsätzlich wird der Marktanteil *absolut* (Marktanteil der eigenen Organisation im Vergleich mit sämtlichen Konkurrenten) oder *relativ* (eigener Marktanteil im Vergleich zum stärksten Wettbewerber) gemessen. Als mögliche Basen zur Ermittlung von Marktanteilen dienen Umsätze, Verkaufsmengen oder Lizenzvergaben.
- **Order Fulfillment**: Die *Order Fulfillment Time* (Liefervorlaufzeit) misst die Zeitspanne in Stunden (Tagen/Wochen), welche für die Abfolge von Tätigkeiten zur vollständigen Bearbeitung von Kundenaufträgen benötigt. Mit einer Optimierung der Order Fulfillment Time steigt zumeist auch die Zufriedenheit dieser Abnehmer.

- **Absatzprognosegenauigkeit:** Schwankungen in den Absatzprognosen bedeuten, dass die geplante Nachfrage nicht mit den tatsächlichen Bestellungen übereinstimmt. Diese Diskrepanz beschreibt eine *Forecast Accuracy*. Häufige Änderungen in den Absatzprognosen erschweren das „Tagesgeschäft" eines Disponenten nachhaltig. Doch die Logistik agiert nur im Back-Office. Im Front-Office sitzt der Vertrieb, er ist die direkte Schnittstelle zum Kunden. Die Logistik ist folglich darauf angewiesen, dass der Vertrieb zur „Disziplinierung" des Kunden beiträgt. Der Kunde soll „berechenbarer" werden. Dazu kann der Vertrieb vielleicht gar ein Bonussystem einsetzen: Verbessert der Abnehmer nachweislich sein Abrufverhalten, könnte der Vertrieb ihn dafür direkt mit einem gestaffelten Preisnachlass belohnen.

- **Innovation:** Der *Innovationsgrad* eines Sortiments ist beispielsweise durch den Anteil neuer Produkte zu bisherigen Artikeln abzuleiten. Bei Vorhandensein einer eigenen Lern- und Entwicklungsperspektive (auch Potenzial- oder Innovationsperspektive genannt), könnte die Innovationsrate in dieser Dimension der Scorecard verankert sein. Doch sie ist auch trefflich in den Bezugsrahmen dieser Kundendimension einzubeziehen.

4.3.3 Prozessperspektive

Die Prozesse einer Supply Chain sind von den prägenden **Schlüsselgrößen des Wettbewerbs** (vgl. Werner 2000g, S. 9; h, S. 14) flankiert: Supply Chain-Prozesse streben nach einer Optimierung des strategischen Dreiecks. Dieses setzt sich aus den Determinanten Kosten, Zeit und Qualität zusammen. Zusätzlich können sich die strategischen Ziele dieser Prozesssicht auf die Wettbewerbsfaktoren Flexibilität sowie Lernen und Entwickeln ausrichten.

Im Rahmen der weiteren Ausführungen erfolgt eine Integration der Prozessattribute unter die genannten Schlüsselgrößen des Marktes. Zunächst ist die Prozessperspektive – unter besonderer Berücksichtigung des Wettbewerbsfaktors **Kosten**– zu charakterisieren. Diesbezüglich sind die strategischen Zielsetzungen „Kapazitätsauslastung" und „Produktivität" von einer primären Kostenausrichtung umspannt. Hinsichtlich des Schlüsselindikators **Zeit** werden die Supply-Chain-Prozesse über Zugangszeiten (Time-to-Market für Produktentwicklungen) und Durchlaufzeiten gemessen. Allein von ihrer Semantik her, sind die strategischen Ziele Produkt-/Prozessqualität sowie die Auftragsabwicklungsqualität dem Wettbewerbsfaktor **Qualität** zuzuordnen. Das strategische Dreieck einer Betrachtung über Kosten, Zeit und Qualität kann zum Viereck geweitet sein, wenn eine zusätzliche **Flexibilitätsorientierung** erfolgt (Produktionsflexibilität). Seit einigen Jahren ist

	Strategische Ziele	Mögliche Kennzahlen
Prozesse	**Kosten**	
	▓ *Kapazitätsauslastung*	Kapazitätsauslastungsgrad, Maschinennutzungsintensität Lagerbewegungen je Mitarbeiter,
	▓ *Produktivität*	Kommissioniervorgänge pro Mitarbeiter
	Zeit	
	▓ *Zugangszeit/Durchlaufzeit*	Time-to-Market, Total Cycle Time
	Qualität	
	▓ *Produkt-/Prozessqualität*	Ausschuss-/Nacharbeitsindex, Parts per Million (PPM)
	▓ *Auftragsabwicklungsqualität*	Auftragsabwicklungsdauer, Auftragsabwicklungszuverlässigkeit
	Flexibilität	
	▓ *Produktionsflexibilität*	Upside Production Flexibility
	Lernen/Entwickeln	
	▓ *Continuous Improvement*	Verbesserungsvorschläge Schulungsrate/Weiterbildungsrate Fehlzeitenrate/Kündigungen pro
	▓ *Mitarbeiterzufriedenheit*	Monat

Abb. 4.10 Strategische Ziele und KPIs der Prozessperspektive

sogar ein strategisches Pentagon auszumachen, indem das **Wissen** eine ergänzende Schüsselgröße des Marktes darstellt. Im Sprachjargon einer Scorecard, wird das Wissen hier als kontinuierliches Lernen und Entwickeln verstanden (vgl. Abb. 4.10).

- **Kapazitätsauslastung**: Unter das Hauptsegment der *Kosten* fällt als strategisches Ziel eine gesteigerte *Kapazitätsauslastung*. Im Grundsatz wird diese Kennzahl über die Planbeschäftigung (effektive Fertigungsstunden zu geplanter Betriebsbereitschaft) gemessen.

- **Produktivität:** Beispiele für Arbeitsproduktivitäten innerhalb der Prozessperspektive stellen die Indikatoren *Lagerbewegungen je Mitarbeiter* oder *Kommissioniervorgänge pro Mitarbeiter* dar. Mit einer Verbesserung der Produktivität erfolgt tendenziell eine Reduzierung von Prozesskosten.
- **Zugangszeit/Durchlaufzeit:** Innerhalb der Prozessperspektive wiegen Zugangszeiten wie Durchlaufzeiten schwer. Die *Time-to-Market* steht für die Zeitspanne, die von der Ideengenerierung bis zum Marktzugang eines Produkts oder Dienstes verstreicht. Besondere Anforderungen an das Supply Chain Management liegen diesbezüglich in der Einlaufsteuerung. Die *totale Durchlaufzeit* umspannt sich in der Kennzahlentypisierung vom Auftragseingang bis zur Warenauslieferung. Sie bezieht sich in einem Supply Chain Management – wie oben dargestellt – jedoch nicht nur auf Produkte, sondern auch auf sämtliche indirekten logistischen Aktivitäten und Akteure, welche zur Erbringung eines Supply Chain-Outputs beitragen. Ein Beispiel aus dem Supply Chain Controlling ist die Planung von Logistikbudgets.
- **Produkt-/Prozessqualität:** Die Bewertung der Produkt- und Prozessqualität des Supply Chain Managements erfolgt im direkten Bereich über die Kennzahlen *Ausschuss* (Scrap) sowie *Nacharbeit* (Rework). Gemessen wird der Zielerreichungsgrad mit Hilfe der „Parts per Million" (PPM). Ein „PPM von fünfhundert" bedeutet, dass fünfhundert Produktfehler bei 1.000.000 hergestellter Produkte vorliegen.
- **Auftragsabwicklungsqualität:** Nicht nur im direkten Bereich ist die Beurteilung des Wettbewerbsfaktors Qualität für Supply Chain-Prozesse wichtig. Auch im indirekten Segment ist diese Qualität langfristig wie nachhaltig zu erbringen. Ein Beispiel dafür stellt die Auftragsabwicklungsqualität dar, welche sich aus einer *Auftragsabwicklungsdauer* sowie der *Auftragsabwicklungszuverlässigkeit* zusammensetzt.
- **Produktionsflexibilität:** Als Performancegröße zur Bewertung dieses strategischen Ziels dient die *Upside Production Flexibility*. Im Rahmen der Kennzahlentypologie einer Supply Chain wurde sie als Zeitspanne definiert, welche in Tagen verstreicht, um einen ungeplanten Nachfrageschub (nach SCOR von 20 %) zu befriedigen. Dabei sind Möglichkeiten zur internen Kapazitätserweiterung ebenso einzubeziehen, wie extern gerichtete Outsourcing-Lösungen.
- **Continuous Improvement:** Der Anspruch nach kontinuierlicher Verbesserung entstammt im Wesen dem Kaizen Management. Diese strategische Zielsetzung ist dem Anspruch ständigen Lernens und Entwickelns untergeordnet. Bildlich gesprochen, ist eine Schildkröte zwar nicht besonders schnell. Doch sie wird in der Regel sehr alt, wodurch sie auf lange Sicht eine beachtliche Distanz zurücklegt. Aber immer gemäß einer Politik „der kleinen Schritte". Dieser

Leitgedanke kann auch einem Supply Chain Management inhärent sein, wobei die Leistungsmessung zur kontinuierlichen Verbesserung beispielsweise über *umgesetzte Verbesserungsvorschläge pro Mitarbeiter und Jahr* oder der Rate an *Schulungen/Weiterbildungen pro Mitarbeiter* erfolgt.

- **Mitarbeiterzufriedenheit:** Auch dieses strategische Ziel der Prozessperspektive ist den Gedanken des Lernens und des Entwickelns geschuldet. Die Mitarbeiterzufriedenheit bezieht sich nicht ausschließlich auf den direkten Bereich (Produktion). Sie erstreckt sich vielmehr auf sämtliche Personen, welche in Supply-Chain-Aktivitäten involviert sind. Als Messgrößen dienen beispielsweise *Fluktuation, Krankenstand* oder *Fehlzeit*. Allerdings sind diese Key Performance Indicators mit Vorsicht zu genießen: Auch wenn sie sich innerhalb einer Unternehmung verbessern sollten, bedeutet dies nicht zwingend eine erhöhte Zufriedenheit der Mitarbeiter. Vielleicht lässt die Angst um den Verlust des Arbeitsplatzes den Krankenstand eher sinken, als dass die Mitarbeiterzufriedenheit zugenommen hätte.

4.3.4 Lieferantenperspektive

Herausragende Treiber moderner Supply Chains sind Lieferantenkooperationen. Allein von ihrer Semantik, spiegeln Ansätze wie Vendor Managed Inventory, Lieferanten-Logistik-Zentrum oder Lieferantenpark diesen Sachverhalt. Ohne eine enge Lieferanten-Hersteller-Bindung könnten diese Konzepte kaum von Erfolg beseelt sein. Die **Lieferantenintegration** besitzt für Supply Chains eine nachhaltig hohe Bedeutung. Daher verwundert es schon, wenn *Kaplan/Norton* in ihrer (wenn auch generischen) Scorecard der Messung von Lieferantenleistungen keinen eigenen Raum bieten. Die Kundenattribute hingegen sind bekanntlich in einer separaten Perspektive gewürdigt. Dadurch gerät die *Balanced* Scorecard ein wenig aus dem Gleichgewicht.

Nach Stölzle et al. (2001, S. 81) ist die explizite Berücksichtigung einer Lieferantensicht für die Supply-Chain-Scorecard auf Grund folgender **Argumente** anzuraten:

- Verbesserte Berücksichtigung der gemeinsamen Ziele von Herstellern *und* Lieferanten (Heterogenität des Umfelds).
- Eindeutige Stakeholder-Orientierung (der Lieferant ist einer der bedeutsamsten Stakeholder im Shareholder Value).
- Erhöhte Transparenz in den Kausalzusammenhängen: Lieferanten leisten den Input für die internen Prozesse.

	Strategische Ziele	*Mögliche Kennzahlen*
Lieferanten	Warenverfügbarkeit ▧ *Qualität/Service*	Lieferservicegrad, Zurückweisungsquote, Verzugsquote
	Zufriedenheit ▧ *Lieferantenzufriedenheit*	Lieferantenzufriedenheitsindex
	Kosten ▧ *Produktivität Wareneingang* ▧ *Wareneingangskontrollen*	Sendungen pro Tag, Warenannahmezeit je Sendung Wareneingangskontrollkosten

Abb. 4.11 Strategische Ziele und KPIs der Lieferantenperspektive

- Gängige organisatorische Trennung von Beschaffung und Vertrieb in der Unternehmungspraxis. Dieser Gedanke ist für die Implementierung betrieblicher Anreizsysteme bedeutsam.

Eine Alternative zum Aufbau einer eigenen Lieferantendimension innerhalb von Supply Chain Scorecards bietet die Schaffung der **Marktperspektive** (vgl. Ueberall 2006, S. 74; Werner 2000g, h). In dieser Marktdimension vereinen sich Kunden-*und* Lieferantenattribute. Doch besteht bei dem Aufbau einer Marktperspektive die latente Gefahr für einen „Overkill": Die Fülle an Informationen sprengt unter Umständen diese Perspektive. Verglichen mit den anderen Dimensionen, wiegt dann die Marktperspektive schwer. Der Anspruch nach „Balanced" ist in Gefahr. Deshalb fließt in die propagierte Supply Chain Scorecard eine separate Lieferantenperspektive.

Nachstehend werden Ziele der Lieferantendimension benannt und mit KPIs ausgestattet (vgl. Abb. 4.11). Die angepeilten strategischen Ziele sind den **Oberbegriffen** Warenverfügbarkeit (Qualität/Service), Zufriedenheit (Lieferantenzufriedenheit) sowie Kosten (Produktivität Wareneingang und Wareneingangskontrollkosten) zugeordnet.

- **Qualität/Service:** Die Sicherung (oder Steigerung) der Lieferantenzuverlässigkeit bezieht sich auf qualitative, quantitative und zeitliche Abweichungen eingehender Sendungen (*Lieferservicegrad*). Mit der *Zurückweisungsquote* und der *Verzugsquote* stehen zwei Unterkennzahlen des Lieferservicegrads für ein Supplier Rating zur Verfügung.
- **Lieferantenzufriedenheit:** Das Ziel der gesicherten Lieferantenzufriedenheit stellt das Pendant für eine Kundenzufriedenheit dar. Zur Senkung von Transaktionskosten sind auch eingehende Zufriedenheitsindizes zu ermitteln. Mit einer Steigerung der *Lieferantenzufriedenheit* dürfte – zumindest in Tendenz – die Dauerhaftigkeit einer Lieferanten-Hersteller-Beziehung (Lieferantentreue) gestärkt sein. Denn eine Integration neuer Lieferanten in die Herstellprozesse führt zu Reibungsverlusten an den Schnittstellen. Beispielsweise verschlingt die Zertifizierung und die Auditierung neuer Lieferanten viel Geld.
- **Produktivität Wareneingang:** Mit Hilfe einer gesteigerten Produktivität im Wareneingang, wird die Reduzierung von Prozesskosten verbunden sein. Mögliche Indikatoren sind *Sendungen pro Tag* oder *Warenannahmezeit je Sendung*.
- **Wareneingangskontrollkosten:** Die Ermittlung obiger Produktivitätskennzahlen kann auf das Messen von Wirtschaftlichkeiten ausgeweitet werden, indem die Produktivität zu bewerten ist. Beispielhaft stehen dafür die *Wareneingangskontrollkosten pro Tag*.

4.3.5   Integrationsperspektive

Eine Integrationsperspektive der Supply Chain Scorecard bewertet die Leistung interner wie externer **Schnittstellen** von Organisationen. Bildlich gesprochen, wird innerhalb der Integrationsdimension das Fundament für das komplette Beziehungsnetzwerk einer Supply Chain gegossen. Derartige Entscheidungen richten sich beispielsweise nach der Wahl der beteiligten Akteure, der selektierten Prozesse und der Größe des gesamten Netzwerks aus (vgl. Richert 2006, S. 89).

Hinsichtlich der Netzwerkstruktur ist zu beachten, dass die einzelnen Partner im Beziehungsgeflecht einer Supply Chain gewachsene Gebilde mit spezifischer Kultur, Philosophie und Politik darstellen. Die Akteure befinden sich in einem **latenten Spannungsfeld** zwischen Interaktion und Interdependenz, Kooperation und Konkurrenz, Autonomie und Abhängigkeit sowie Standardisierung und Customization (vgl. Zimmermann 2003, S. 83). Ein Supply Chain Management „glockenartig" über die Beteiligten stülpen zu wollen, ist frühzeitig zum Scheitern verurteilt. Im Gegenteil, das komplette Netzwerkmanagement berücksichtigt sehr

	Strategische Ziele	Mögliche Kennzahlen
Integration	Technik ■ *Datentransfer* ■ *Infrastruktur*	Digital Links Fleet Links
	Kollaboration ■ *Organisation/Vertrauen* ■ *Kooperation*	Vertrauensindex, Dauer der Kooperation, Mitarbeiteraustauschindex Anzahlgemeinsam genutzter Datensätze, Squeeze-in-Time

Abb. 4.12 Strategische Ziele und KPIs der Integrationsperspektive

wohl die spezifischen Anforderungen beteiligter Akteure. Es schmiegt sich folglich individuell um die einbezogenen Organisationen.

Integrationsperspektiven beherbergen in der Supply Chain Scorecard Anforderungen an Technik und Kollaboration (vgl. Abb. 4.12). In Anlehnung an die Überlegungen von *Weber et al.* (vgl. Weber und Wallenburg 2010, S. 235 f.), können die Attribute der Technik als harte Faktoren (**Kooperationsintensität**) bezeichnet werden. Die Anforderungen an eine Kollaboration entsprechen hingegen eher weichen Faktoren (**Kooperationsqualität**). Bei der **Technik** streben moderne Lieferketten nach einer Optimierung von Datentransfer und Infrastruktur. Die strategischen Ziele von Organisation/Vertrauen und Kooperation sind unter der **Kollaboration** vereint. In den nachstehenden Ausführungen werden diese Zusammenhänger näher beschrieben.

- **Datentransfer**: Die Kennzahl *Digital Links* bemisst nach *Richert* (vgl. Richert 2006, S. 90) die Anzahl gemeinsam genutzter Systeme, in Relation zu der Gesamtzahl an Systemen. Mit einer Verbesserung dieser Rate lässt sich innerhalb einer Supply Chain die Notwendigkeit zur Einberufung zeitraubender Abstimmungssitzungen mindern.
- **Infrastruktur**: Während der Datentransfer über die Digital Links zu bewerten ist, leitet sich die Messung der Infrastruktur aus den *Fleet Links* ab. Letzter Indikator steht für das Verhältnis gemeinsam genutzter Förderzeuge zu der Ge-

samtzahl an Förderzeugen. Zum Beispiel ist diese Kennzahl in einem „Multiple User Warehouse" von einiger Bedeutung. Eine hohe Rate an Fleet Links zeugt von ausgeprägtem Cost Sharing beim Einsatz logistischer Assets (et vice versa).

- **Organisation/Vertrauen:** In einer Supply Chain kooperieren – von der Source of Supply bis zum Point of Consumption – in der Regel rechtlich selbständige Partner. Jeder beteiligte Akteur wird zunächst die Optimierung seiner eigenen Ziele verfolgen (suboptimale Lösung). Wenn dem Management von Wertschöpfungspartnern dabei eine gesamtoptimale Lösung entspringt, von der letztendlich jeder profitiert (also eine „wirkliche" Win-Win-Situation entsteht), ist dies besonders wünschenswert. In letzter Konsequenz kann eine niedrig ausgeprägte *Vertrauensbasis* sogar zur Auflösung kompletter Supply Chain führen. *Weber/Bacher/Groll* (vgl. Weber und Wallenburg 2010, S. 240) schlagen zur Förderung des Vertrauens die gemeinsame Klärung von Visionen oder Grundsätzen im Partnergeflecht vor. Dabei gilt, je *länger* die Zuliefer-Abnehmer-Liaison hält, desto ausgeprägter dürfte das Vertrauensverhältnis gewachsen sein. Ebenso sind rigide Organisationsstrukturen innerhalb der Wertschöpfungsketten aufzuweichen. Dazu bietet sich Resident Engineering an. Darunter ist die zeitlich befristete *Entsendung von Mitarbeitern* der Zulieferunternehmung in das Entwicklungs-Team (Simultaneous Engineering) des Kunden zu verstehen.
- **Kooperation:** Das strategische Kooperationsziel korreliert mit obigem Anspruch nach Organisation und Vertrauen. Wenn es den Akteuren in einer Supply Chain gelingt, eine „adäquate" Kooperationsbasis zu schaffen, stellt sich Vertrauen zwar nicht zwingend ein, doch ist diese Zielerreichung zumindest gefördert. Eine Messgröße für den Kooperationsgrad in Wertschöpfungsketten ist die *Anzahl gemeinsam genutzter Datensätze*. Mit dieser Kennzahl kann der Grad an Kollaboration bewertet sein. Gemeinsam genutzte Datensätze sind Kompatibilitäten in Supply Chains geschuldet. Die Gefahr von Redundanzen reduziert sich. Beispielsweise kommt ein Vendor Managed Inventory ohne gemeinsam genutzte Datensätze kaum aus. Allerdings besagt die reine Quantität der ausgetauschten Informationen nichts hinsichtlich ihrer Güte. Folglich kann dieser KPI zur *Anzahl gemeinsam genutzter fehlerfreier Datensätze* geweitet werden. Mit der *Squeeze-in-Time* ist ebenfalls schlussendlich die Kooperation der Supply-Chain-Akteure zu messen. Dieser Indikator bewertet die Zeitspanne, welche bis zur vollständigen Integration eines Partners in die Lieferkette verstreicht. Fraglich ist jedoch, wann eine „vollständige Integration" abgeschlossen ist (Messproblematik).

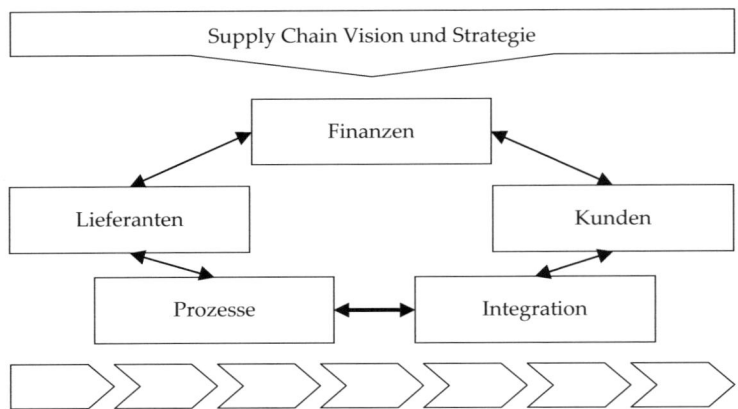

Abb. 4.13 Supply Chain Scorecard nach Werner

4.3.6 Supply Chain Scorecard im Überblick

Die vorgestellte Scorecard eines Supply Chain Managements setzt sich aus fünf verschiedenen Perspektiven zusammen (vgl. Abb. 4.13). Finanz-, Kunden- sowie Prozessdimensionen entsprechen weitgehend den Überlegungen der generischen Scorecard, allerdings aus dem speziellen Blickwinkel einer Supply Chain heraus. Der Empfehlung zur Berücksichtigung einer expliziten **Lern- und Entwicklungsperspektive** wird jedoch nicht gefolgt. Einerseits sind die strategischen Ziele einer Lern- und Entwicklungssicht trefflich in anderen Dimensionen der Scorecard zu verankern. Andererseits zielt die Lern- und Entwicklungsperspektive auf die eigene Organisation und nicht auf ein komplettes Netzwerk.

Eine weitere Modifizierung der bekannten Scorecard mit ihren vier Dimensionen erfolgt durch die Berücksichtigung einer separaten **Lieferantenperspektive**. Darin sind übergreifende Leistungen einer Supply Chain in Richtung Zulieferer darzustellen. Schließlich stellt die **Integrationsdimension** eine weitere Neuerung gegenüber einer Balanced Scorecard nach *Kaplan/Norton* dar. In ihr sind kooperative (unternehmungsinterne wie netzgerichtete) Anforderungen an die Technik und den Kollaborationsgrad der Supply-Chain-Akteure zu bewerten (vgl. Werner 2013a, S. 436).

In Anlehnung an die oben beschriebenen Zusammenhänge, werden die fünf Perspektiven der Supply Chain Scorecard mit jeweiligen strategischen Zielen besetzt. Um kein „ungeordnetes Nebeneinander" dieser Attribute in einer jeweiligen

Dimension der Supply Chain Scorecard zu erzeugen, erfolgt eine Zuordnung dieser strategischen Ziele unter Berücksichtigung von **Oberbegriffen**. Außerdem sind den strategischen Zielen Kennzahlen zur Seite zu stellen, welche zur Leistungsmessung dienen. Diese Schlüsselindikatoren beziehen sich sowohl auf die eigene Organisation, als auch auf netzwerkgerichtete Aktivitäten. Abbildung 4.14 visualisiert diesen Sachverhalt. Die dort aufgezeigte Scorecard stellt die Zusammenführung der zuvor isoliert beschriebenen Perspektiven dar (vgl. Werner 2013a, S. 443).

Die Ausführungen zur Supply Chain Scorecard finden ihre Erweiterung im Rahmen der Beschreibung einer speziellen Strategy Map für das Supply Chain Management (vgl. Gliederungsabschnitt 4.6.4). Um die Gedanken zur Balanced Scorecard in modernen Wertschöpfungsketten vorläufig abzurunden, wird im Folgenden eine mögliche **Kausalkette** des Supply Chain Managements aufgezeigt.

Der hier diskutierte **Ursache-Wirkungs-Zusammenhang** einer Balanced Scorecard basiert auf den oben beschriebenen fünf Perspektiven der Supply Chain Scorecard. Eine jeweilige Ursache führt zu einer Wirkung. Die originäre Wirkung wird ihrerseits zur Ursache der nächsten Wirkung. Die Kausalbeziehungen der Balanced Scorecard sind jedoch nicht streng mathematisch, sondern eher sachlogisch miteinander verknüpft. Dadurch ist die Rückverfolgbarkeit des finanziellen Erfolgs (oder Misserfolgs) einer Unternehmung möglich. Nachstehend wird eine Beschreibung kausaler Verkettungen innerhalb einer Supply Chain beispielhaft Bottom-Up vorgenommen. Die alles umspannende **Integrationsperspektive** beschreibt eine Verbesserung hinsichtlich der strategischen Ziele Technik und Kollaboration. Beispielsweise werden im Partnergeflecht Datensätze vermehrt gemeinsam genutzt. Ebenso ist das Pushen der Digital Links und der Fleet Links denkbar.

Auf Basis dieser forcierten Interaktionen im Beziehungsnetzwerk einer Supply Chain mit den **Lieferanten**, speist sich für den Hersteller eine verbesserte Warenverfügbarkeit wie auch ein Kostensenkungspotenzial (beispielsweise hervorgerufen über Wirtschaftlichkeitsverbesserungen, wie günstigere „Kosten pro Pick"). Dadurch ergeben sich positive Auswirkungen in Richtung Produkt- und Prozessqualität, Durchlaufzeit sowie Produktionsflexibilität **(Prozesssicht)**. Außerdem kann der Lieferant seinen Kostenvorteil – vielfach über den Preis realisiert – teilweise an den Hersteller weitergeben.

Mit einer Verbesserung der internen Prozesse über verschiedene Wettbewerbsfaktoren hinweg, geht die Möglichkeit zur Gewinnung neuer **Kunden** einher: Zum Beispiel, weil die Taktung interner Prozesse verbessert wird und dadurch ein zuvor in Richtung Kunde signalisiertes Versprechen bezüglich des Liefertermins einzuhalten ist (Available-to-Promise). Tendenziell führt die Akquisition zusätzlicher Kunden zur Verbesserung der Umsatzrendite (Return on Sales, ROS) in der **Finanzperspektive**. Freilich unter der Voraussetzung, dass die Kosten nicht aus dem Ruder laufen. Abbildung 4.15 verdeutlicht diese Zusammenhänge in übersichtlicher Weise.

Strategische Ziele	Mögliche Kennzahlen
Finanzen	*Finanzen*
Erfolg	Umsatz, Rohertrag, EBIT, Jahresüberschuss
Liquidität	Cash Flow, Cash-to-Cash-Cycle
Rentabilität	ROCE, ROA, ROS, ROTC, ROI
Wertsteigerung	Economic Value Added (EVA)
Bestand	Lagerreichweite, Turn Rate
Supply-Chain-Kosten	Transportkosten, Supply-Chain-Kosten
Kunden	*Kunden*
Kundentreue/-zufriedenheit	Kundentreueindex
Kundenreklamation	Kundenzufriedenheitsindex, Servicegrad
Neukundengewinnung	Umsatzanteil Neukunden
Marktanteil	Relativer Marktanteil, Absoluter Marktanteil
Order Fulfillment	Order Fulfillment Time
Absatzprognosegenauigkeit	Forecast Accuracy
Innovation	Neuproduktrate
Prozesse	*Prozesse*
Kapazitätsauslastung	Kapazitätsauslastungsgrad und -nutzungsintensität
Produktivität	Lagerbewegungen pro MA, Picks pro Mitarbeiter
Zugangszeit/Durchlaufzeit	Time-to-Market, Total Cycle Time
Produkt-/Prozessqualität	Ausschuss-/Nacharbeitsrate, Parts per Million
Auftragsabwicklungsqualität	Auftragsabwicklungsdauer und -zuverlässigkeit
Produktionsflexibilität	Upside Production Flexibility
Continuous Improvement	Verbesserungsvorschläge, Schulungsrate
Mitarbeiterzufriedenheit	Fehlzeiten/Kündigungen, Schulungen pro MA
Lieferanten	*Lieferanten*
Qualität/Service	Servicegrad, Zurückweisungsquote, Verzugsquote
Lieferantenzufriedenheit	Lieferantenzufriedenheitsindex
Produktivität Wareneingang	Sendungen pro Tag, Warenannahmezeit je Sendung
Wareneingangskontrollen	Wareneingangskontrollkosten
Integration	*Integration*
Datentransfer	Digital Links
Infrastruktur	Fleet Links
Organisation/Vertrauen	Vertrauensindex, Kooperationsdauer,
Kooperation	Gemeinsam genutzte Datensätze, Squeeze-in-Time

Abb. 4.14 Strategische Ziele und Kennzahlen der Supply Chain Scorecard

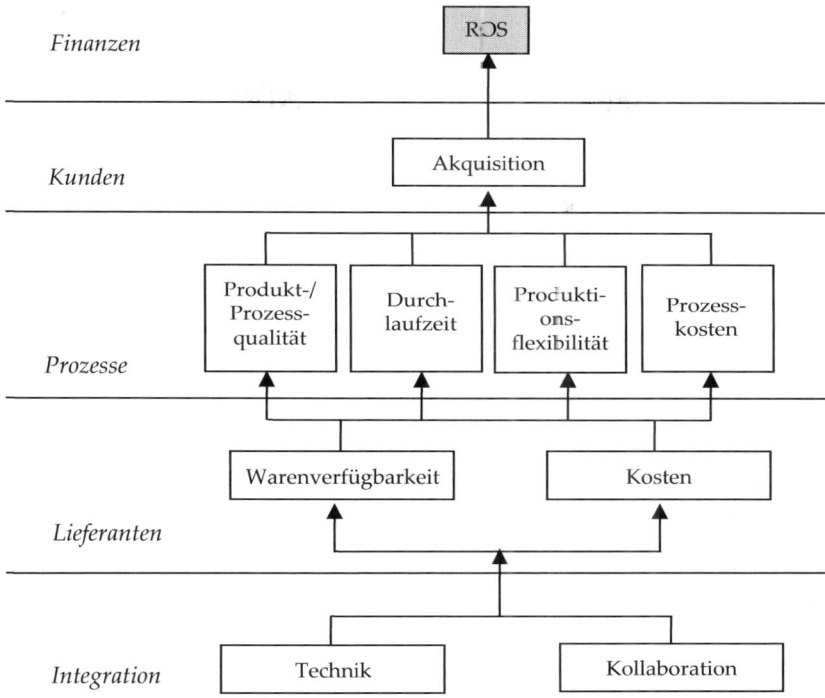

Abb. 4.15 Kausalkette einer Supply Chain Scorecard

4.4 Von der Scorecard zur Strategy Map

„Having trouble with your strategy? Then map it." Derart pointiert überschrieben *Kaplan* und *Norton* einen Beitrag, der in der Zeitschrift *Harvard Business Review* im Jahr 2000 erschien (vgl. Kaplan und Norton 2000. S. 167 ff.). Die beiden Protagonisten der Balanced Scorecard erprobten jenen Ansatz in einer Vielzahl von Projekten. Sie stellten fest, dass ein originär in die Scorecard gesetzter Anspruch nur unzureichend erfüllt war: Mit Hilfe der Balanced Scorecard sollte den Mitarbeitern die strategische Stoßrichtung der Organisation verdeutlicht werden. Diese Zielsetzung wurde aber nur wenig befriedigend erreicht. Die Transformation der Unternehmungsziele auf die Mitarbeiterebene erlitt **Sickerverluste**. Um dieses Defizit aufzuheben, waren es *Kaplan* und *Norton* selbst die eine Balanced Scorecard zur Strategy Map weiteten.

4.4.1 Allgemeine Implikationen der Strategy Map

Am Beispiel von „Mobil North American Marketing and Refining" beschreiben *Kaplan* und *Norton* die Einsatzmöglichkeiten von Strategiekarten (vgl. Kaplan und Norton 2000, S. 167 ff.). Strategy Maps sind **Schlachtpläne** von Organisationen. Wie die Balanced Scorecard, wird auch die Strategy Map Top-Down erstellt.

▶ Die **Strategy Map** dient der Beschreibung verfolgter Supply Chain Ziele, Aufgaben und Bewertungsmaßstäbe. Dieser Schlachtplan sollte den eigenen Mitarbeitern die strategische Zielrichtung der Organisation „selbstredend" erläutern. Dabei bedient sich die Strategy Map – noch stärker als die Balanced Scorecard – der Visualisierung sachlogischer Wirkungszusammenhänge in kausalen Verkettungen.

Ihre ursprünglichen Gedanken zur Strategy Map **überarbeiteten** *Kaplan* und *Norton* in den Folgejahren (vgl. Kaplan und Norton 2001a, b, 2004a, b). Die bekannten vier Perspektiven der Balanced Scorecard bleiben aber jeweils erhalten (Finanzen, Kunden, Prozesse sowie Lernen und Entwickeln). Teilweise bündeln *Kaplan* und *Norton* innerhalb der Strategy Map Auszüge bekannter Managementtheorien: So finden sich Überlegungen des Shareholder-Value-Ansatzes nach *Rappaport* (vgl. Rappaport 1999) darin ebenso, wie der Market-Based-View von *Porter* (vgl. Porter 2006, 2008, 2010). Nachstehend werden die prägenden **Inhalte der vier Perspektiven** einer generischen Strategy Map diskutiert (vgl. insbesondere Kaplan und Norton 2004a; Spinnrock 2006).

- **Finanzperspektive**: Die ersten Überlegungen von *Kaplan/Norton* (vgl. Kaplan und Norton 1997, S. 46 ff.) in Richtung Finanzperspektive orientierten sich an Lebenszyklusdarstellungen. Später ersetzten verstärkt monistische Indikatoren diese Lebenszyklus-fokussierten Inhalte (vgl. Kaplan und Norton 2004a, S. 32 ff.). In der Strategy Map finden sich die Zielfelder „Verbesserung der Kostenstruktur", „Steigerung der Vermögensnutzung", „Ausweitung der Umsatzmöglichkeiten" sowie „Erhöhung des Kundenwerts". Über eine Wirtschaftlichkeitsstrategie und eine Wachstumsstrategie streben diese Indikatoren nach der langfristigen „Steigerung des Shareholder Value". Die **Wirtschaftlichkeitsstrategie** erinnert an die „Kostenführerschaft" nach *Porter*. Analog ist die **Wachstumsstrategie** der „Differenzierungsstrategie" *Michael E. Porters* entlehnt (vgl. Porter 2006, 2008, 2010).
- **Kundenperspektive**: In der Kundendimension finden sich innerhalb der Strategiekarte drei Segmente, in der sich diverse strategische Performanzin-

dikatoren verdichten (vgl. Kaplan und Norton 2004a, S. 34 ff., 294 ff.). Diese Strategiekategorien – inklusive ihrer möglichen Leistungsindikatoren – sind „**Produkt-/Serviceeigenschaften**" (Preis, Qualität, Verfügbarkeit, Auswahl und Funktionalität), „**Kundenbeziehung**" (Service und Partnerschaft) sowie „**Marke**" (Image). In letzter Konsequenz stützt dieses heterogene Treibergeflecht direkt die Steigerung des *Kundenwertbeitrags*.

- **Interne Prozesse:** *Robert S. Kaplan und David P. Norton* (vgl. Kaplan und Norton 2004a, S. 38 ff.) beziehen in ihrer Strategy Map die internen Prozesse auf „**Produktion und Logistik**" (Beschaffung, Produktion, Vertrieb und Risikomanagement), „**Kundenmanagement**" (Kundenauswahl, Akquisition, Kundenbindung und Wachstum), „**Innovationen**" (Marktchancen, F & E-Portfolio, Entwicklung und Markteinführung) sowie „**Gesetzliche Vorschriften**" (Umwelt, Arbeitssicherheit, Gesundheit, Beschäftigung und Gesellschaft). Der oben aufgeführte Wertbeitrag des Kunden wird indirekt über die internen Prozesse determiniert. In ersten Beiträgen (vgl. Kaplan und Norton 2001a, S. 82) suchen die Verfasser die enge Verbindung zum Wertekettenmodell *Porters* (vgl. Porter 2008, 2010). Später verwischt dieser Bezug weitgehend (vgl. Kaplan und Norton 2004a, S. 29).

- **Lernen und Entwickeln:** Schließlich umfasst die Lern- und Entwicklungsperspektive (vgl. Kaplan und Norton 2004a, S. 45 ff.) einer Strategy Map nach *Kaplan* und *Norton* den Bezugsrahmen „**Humankapital**" (Kompetenzen, Weiterbildung und Wissen), „**Informationskapital**" (Systeme, Datenbanken und Netzwerke) sowie „**Organisationskapital**" (Kultur, Führung, Ausrichtung und Teamwork). In dieser Dimension sind immaterielle Werte enthalten, die auf dem Weg zur „lernenden Organisation" bedeutsam sind. Im Laufe der Zeit schälte sich für die Lern- und Entwicklungsperspektive eine Betonung auf die Notwendigkeit des „Wandels" heraus (vgl. Kaplan und Norton 2004a, S. 47).

Der **Aufbau** von Strategy Maps (vgl. Spinnrock 2006, S. 23 f.) folgt, wie oben kurz beschrieben, dem „Top-Down-Prinzip". Ausgehend von der Finanzdimension, sind die einzelnen Zielhierarchien bis auf die Ebene intangibler Werte (Intangible Assets) zu zerlegen. Ein strategischer Schlachtplan wird zumeist deduktiv erstellt. Aus einem übergeordneten sachlogischen Ganzen heraus – zum Beispiel der nachhaltigen Steigerung des Shareholder Value – zielt die Strategy Map auf das Besondere (untergeordnete strategische Implikation).

Balanced Scorecard und Strategy Map stellen keine alternativen, sondern sich ergänzende Konzepte der Unternehmungsführung dar. Beide Ansätze kooperieren unmittelbar miteinander. Die Operationalisierung von Unternehmungsaktivitäten erfolgt in der Scorecard über Kennzahlen. Ihr **Hauptanliegen** ist die Fokussierung der gesamten Organisation auf ausgewählte Visionen und Strategien. Eine Strategy Map ist hingegen nachhaltig qualitativ getrieben. Sie versucht einen konsistenten Weg der strategischen Beschreibung (verbunden mit ausgeprägter Visualisierung) einzuschlagen, der sich in der Kommunikation einer Strategie gegenüber den Mitarbeitern, und im Verhalten des Managements selbst, ausdrückt (vgl. Kaplan und Norton 2004a, S. 5 f.).

4.4.2 Strategy Map der Supply Chain

Nachdem die Strategy Map zunächst in ihrem generischen Typus beschrieben wurde, zielen die folgenden Überlegungen auf den speziellen Einsatz der Strategy Map im Supply Chain Management. In diesem Kontext strömen die Inhalte einer logistischen Strategy Map in die oben abgeleiteten fünf **Perspektiven** der Supply Chain Scorecard (vgl. Werner 2013a, S. 446):

- Finanzen,
- Kunden,
- Prozesse,
- Lieferanten und
- Integration.

Die nachstehenden Überlegungen sind in Abb. 5.3 grafisch dargestellt. Fette Pfeile symbolisieren die primäre strategische Stoßrichtung. Gestrichelte Pfeile stehen für sekundäre strategische Ziele. Das **Fundament** der kompletten Strategiekarte stellt die Integrationsperspektive dar (vgl. Horváth et al. 2006, S. 153; Kaplan und Norton 2004a, S. 47).

- **Integrationsperspektive**: Die strategischen Oberziele der Integrationsperspektive lauten „Kollaboration", „Technik" und „Organisation". Dem Feld **Kollaboration** entstammen weiche Attribute der Supply Chain. Das Netzwerk der beteiligten Akteure strebt nach Konnektivität, Vertrauen sowie Mitarbeiterzufriedenheit und -entwicklung. Die ersten beiden Ziele richten sich intern wie extern aus. Letztes Anliegen bezieht sich auf die eigene Unternehmung. Ein zweites Oberziel stellt die **Technik** dar. Deren Merkmale sind von den „harten" Leistungsgrößen Digital Links und Fleet Links umgeben. Folglich streben die Inhalte des technischen Bezugsrahmens nach einer standardisierten Systemlandschaft zwischen den Supply-Chain-Akteuren und der gemeinsamen Nutzung logistischer Assets. Schließlich zielen die Anforderungen an die

Organisation einer Lieferkette nach einer „angenehmen Atmosphäre" im Beziehungsgerüst der Supply Chain. Darunter fallen Unternehmungskultur, -politik, -philosophie sowie Führungsstil.

- **Lieferantenperspektive:** Diese zweite Dimension einer Supply Chain Strategy Map orientiert sich an den drei Grundzielen „Lieferservicegrad", „Kosten/Preise" sowie „Transfer". Der **eingehende Servicegrad** ist über qualitative, quantitative wie zeitliche Indikatoren zu messen (Zurückweisungsquote, Verzugsquote und Warenverfügbarkeit). Im Zuge der Lieferantenintegration sind aus Sicht des Herstellers weiterhin die **Kosten/Preise** von besonderem Interesse. Einerseits liegen Kostensenkungspotenziale in einer Optimierung der Lieferantenanbindung (Steigerung der Produktivität im Wareneingang oder Senkung von Wareneingangskontrollen). Andererseits sind Möglichkeiten der Verbesserung über die Kennzahlen Rabatt, Skonto, Preise und Cash-to-Cash-Cycle abzulesen. Der dritte Sektor der Lieferantendimension beinhaltet die strategischen Ziele des **Transfers**. Stellvertretend für eine intensivierte Zulieferintegration sind die Ansätze Vendor Managed Inventory und Cross Docking aufgeführt. Beispielsweise können Lieferantenanbindungen – im Sinne von Vendor Managed Inventory und Cross Docking – im Verhältnis zu den Lieferantenschnittstellen insgesamt gemessen werden.

- **Prozesse:** Verbesserte Lieferantenbeziehungen schlagen positiv in Richtung interner Prozesse zu Buche. Letzte orientieren sich vornehmlich an den Wettbewerbsfaktoren Kosten, Zeit, Qualität und Flexibilität. Ergänzend zu diesen Größen, sind gesetzliche Normen in die Prozesssicht aufzunehmen. Die Auswirkungen interner Supply-Chain-Prozesse auf die **Kostenstruktur** leiten sich über Kennzahlen zur Steigerung der Kapazität (Kapazitätsauslastungsgrad, Maschinennutzungsintensität) und Produktivität/Wirtschaftlichkeit (Lagerbewegungen je Mitarbeiter, Kommissionierungen pro Mitarbeiter) ab. **Zeitliche** Ziele in Supply Chains werden über die Durchlaufzeit und die Time-to-Market eingefordert. Dabei zeichnen sich Wertschöpfungsketten durch einen differenzierten Umgang mit der Zeit aus. Es geht dabei nicht nur um die einseitige Beschleunigung von Aktivitäten. Vielmehr werden auch die Möglichkeiten zur bewussten Entschleunigung ausgelotet (Postponement). Das Segment **Qualität** beinhaltet die Ziele Ausschuss/Nacharbeit, Kundenwert (der anwendungsbezogene Qualitätsbegriff besagt, dass der Anspruch nach Qualität mit der Zufriedenheit des Kunden erfüllt ist) sowie Auftragsabwicklungsqualität. Letzte bezieht sich auch auf den indirekten Bereich, welcher durch hohe Gemeinkosten geprägt ist. Die logistische Anpassungs- und Wandlungsfähigkeit von Unternehmungen wird durch gesteigerte **Flexibilität** befriedigt. Die Upside Production Flexibility misst in Tagen die Zeitspanne, um auf ungeplante Nachfrageschübe (nach SCOR von 20 %) zu reagieren. Die schließenden Überlegungen der Prozessperspektive orientieren sich an **gesetzlichen Normen**. Beispielhaft dafür stehen Umweltschutzauflagen oder Regelungen zur Arbeitssicherheit, sowie die Wahrung der Gesundheit von Mitarbeitern.

- **Kunden**: Die Leistungen von Herstellern werden durch aktuelle und potenzielle Marktpartner bewertet. Unter besonderer Berücksichtigung der Kundensicht, kristallisieren sich in der Strategy Map die drei Kernbereiche Produkt, Kundenbeziehung sowie Akquisition heraus. Mögliche Anforderungen bezüglich eines **Produkts** bestehen in den Merkmalen Preis, Qualität, Verfügbarkeit sowie Kompatibilität. Dabei ist der Produktbegriff nicht eng (physisch) auszulegen. Er umspannt auch Dienstleistungen. Eine Verbesserung der **Kundenbeziehungen** wird in den Kriterien Forecast Accuracy (im B2B-Segment zur Planung von Kundenanforderungen), Service (beispielsweise After-Sales-Aktivitäten), Order Fulfillment (Zeitspannen zur logistischen Abarbeitung von Kundenaufträgen) und Kundenzufriedenheit gesehen. Die eherne Zielsetzung zur **Akquirierung** neuer Kunden wird über die Indikatoren Marktanteil sowie die Kennzahl Neukundengewinnung (Verhältnis neuer Kunden zu Gesamtkunden) bewertet.

- **Finanzen**: In der Finanzperspektive einer Strategy Map des Supply Chain Management finden sich schließlich zwei grundsätzliche Stränge. Der erste Weg führt über die **Kostenführerschaft**. Um diese einzunehmen, sind Verbesserungen der Kostenstruktur oder der Vermögenswerte notwendig. In Anlehnung an *Michael E. Porter* (vgl. Porter 2006, 2008, 2010), besteht das Pendant zur Kostenführerschaft in einer **Differenzierung**. Die Verfolgung der Differenzierungsstrategie basiert primär auf Umsatzwachstum oder Steigerung des Kundenwerts. Allerdings bleibt der Anspruch *Porters* nach einem strikten „schwarz" oder „weiß" nicht erhalten. *Porter* warnte bekanntlich davor, ansonsten in ein „Stuck-in-the-Middle-Dilemma" zu geraten. Vielmehr kann in der propagierten Strategy Map eine Organisation beispielsweise nach primärer Differenzierung streben, gleichzeitig jedoch eine (sekundäre) Optimierung ihrer logistischen Assets anvisieren. Dieser Anspruch scheint in Zeiten hybrider Wettbewerbsstrategien, wie Mass Customization, gerechtfertigt. In letzter Konsequenz stützen sämtliche Zielimplikationen dieser Strategiemappe eine Erhöhung des **Economic Value Added (EVA)**. Die strategische Supply-Chain-Stoßrichtung zur anvisierten Verbesserung des Economic Value Added ist der Strategy Map „auf einen Blick" zu entnehmen. Die fetten und die gestrichelten Pfeile symbolisieren diesen Schlachtplan. Mit Hilfe der Strategy Map wird das Zustandekommen des Finanzergebnisses deutlich (vgl. unten).

Für das **Beispiel** aus Abb. 4.16 zur Strategy Map im Supply Chain Management bestehen die treibenden Strategien der **Integrationsperspektive** in einer Optimierung der Kollaboration sowie der Technik (jeweils fette Pfeile). Eine sekundäre strategische Stoßrichtung umspannt die Inhalte zur Organisation. Technische wie integrative Strukturelemente zielen in der **Lieferantendimension** auf den Transfer. Beispielsweise ist zunächst eine Systemlandschaft zwischen den Akteuren zu schaffen, um auf dieser Basis eine Bestandsführung im Sine von Vendor Managed Inventory anzustoßen. Gleichzeitig wird die Verbesserung des eingehenden Servicegrads über eine intensivierte Hersteller-Lieferanten-Integration verfolgt. Als Sekundärziele leiten sich beispielsweise in der Lieferantendimension die Kostenverbesserung und die Preisreduzierung (über strukturell optimierte Technik) ab.

Die strategische Primärstrategie in den **Prozessen** beruht auf dem Wettbewerbsfaktor Qualität. Fette Pfeile symbolisieren, dass die qualitativen Prozessinhalte aus dem eingehenden Lieferservicegrad und der optimierten Zusammenarbeit mit Lieferanten getrieben sind. Beispielsweise unterstützt ein Vendor Managed Inventory, aus der Lieferantensicht (Transfer), den Kundennutzen, indem der Ansatz eine ständige Warenverfügbarkeit gewährleistet (Continuous Replenishment). Als eine sekundäre strategische Zielsetzung der Prozessdimension erweist sich die Verkürzung der Durchlaufzeit. Das Pushen von Cycle Times resultiert aus einer Erhöhung des eingehenden Lieferservicegrads: Es fallen weniger Sendungszurückweisungen oder geringere Warenverzüge an.

Im Rahmen der **Kundendimension** ragt das Streben nach einer Optimierung der Kundenbeziehungen heraus. Grundsätzlich verbessert sich durch qualitativ hochwertige Prozesse die Zufriedenheit der Abnehmer. Das strategische Sekundärziel zur Produktoptimierung speist sich aus optimierten Kostenstrukturen der Prozesssicht: Höhere Kapazitätsauslastungen und Produktivitäten des Prozessmanagements ermöglichen einen günstigeren Verkaufspreis.

Dicke Pfeile im Schlachtplan zeigen auf, dass dieser Hersteller in seiner Finanzausrichtung vornehmlich der Differenzierungsstrategie folgt. Über optimierte Kundenbeziehungen wird insbesondere eine Steigerung des Kundenwerts angestrebt. Die Vision der Organisation besteht in der nachhaltigen Steigerung des Economic Value Added (EVA). Sekundär wird diese Zielsetzung mit der gestrafften Kostenstruktur untermauert: einer verbesserten Kapazitätsauslastungen interner Prozesse. Dieses Beispiel stellt Abb. 4.16 in übersichtlicher Weise dar.

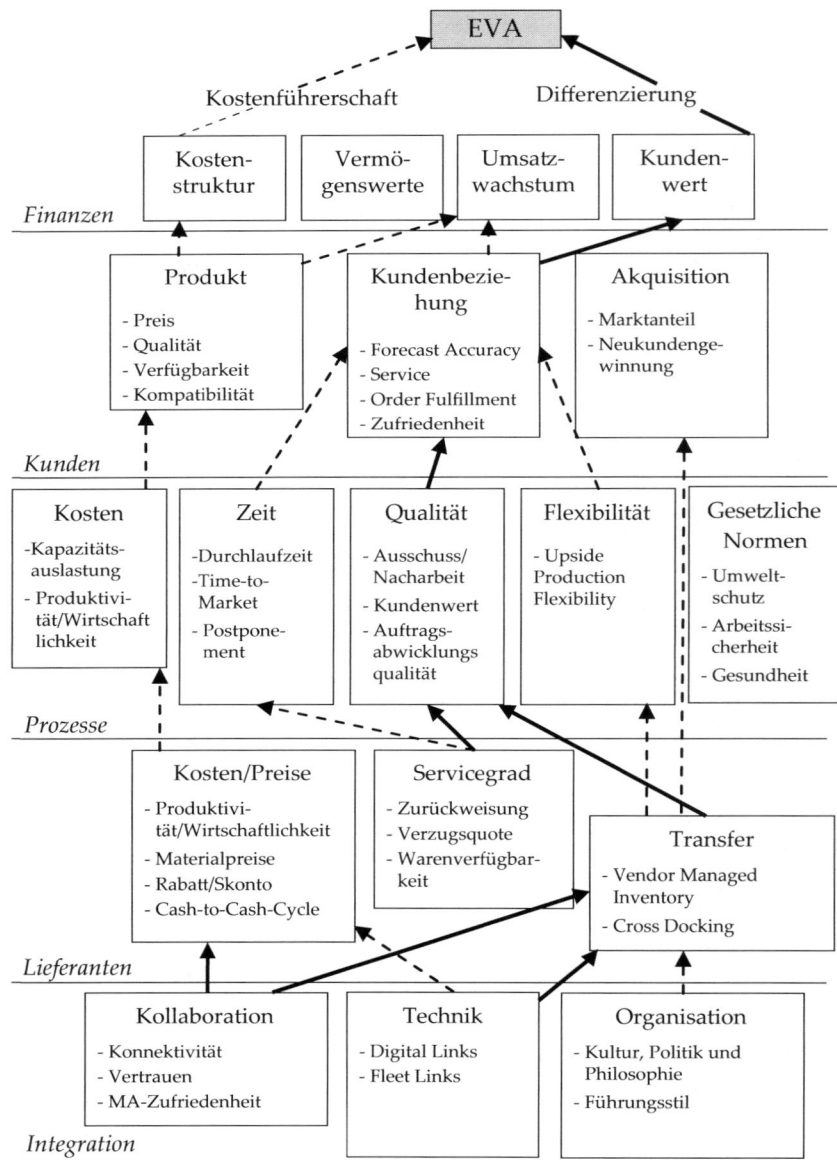

Abb. 4.16 Strategy Map in der Supply Chain

4.4.3   Kombination von Scorecard und Strategy Map

Oben wurde bereits deutlich, dass Balanced Scorecard und Strategy Map eine **kongeniale Symbiose** darstellen. Es handelt sich nicht um zwei alternative oder gar konkurrierende Ansätze der strategischen Führung. Vielmehr sind Balanced Scorecard und Strategy Map erst in Kombination besonders stark. Neue Untersuchungen (vgl. Horváth et al. 2006, S. 153; Kaplan und Norton 2004a, S. 47) belegen diese These.

In Abb. 5.4 wird die kombinierte Darstellung von Balanced Scorecard und Strategy Map aufgezeigt. Das folgende **Beispiel** bezieht sich auf einen Hersteller von „Schokoriegeln". Es knüpft zum Teil an die Arbeiten von *Kaplan* und *Norton* (vgl. Kaplan und Norton 2004, S. 45 ff.) sowie *Horváth et al.* (vgl. Horváth et al. 2006, S. 151 ff.) an. Allerdings wurden die Überlegungen auf die in dieser Schrift propagierten fünf Perspektiven einer Supply Chain Scorecard und Supply Chain Strategy Map modifiziert.

Strategy Map und Balanced Scorecard sind direkt nebeneinander abgebildet. Die Strategy Map dient der Visualisierung (**qualitative Betrachtungsebene**). Mit Hilfe der Balanced Scorecard erfolgt die **Quantifizierung** strategisch definierter Ziele. Auch ein nicht direkt an der Erstellung der Scorecard beteiligter Mitarbeiter, kann somit die strategische Stoßrichtung „auf einen Blick" erkennen. Durch die Vereinigung mit der Balanced Scorecard entsteht aber kein weiteres „Strategiepapier auf Wolke 7". Vielmehr erfolgt eine dezidierte Leistungsmessung anvisierter Zielsegmente. Anders ausgedrückt, leiten sich aus der Festlegung strategischer Zielkorridore (Strategy Map) fast automatisch Key Performance Indicator zu deren Operationalisierung ab (Balanced Scorecard).

Nachstehend erfolgt eine kurze Kennzeichnung des Beispiels „**Schokoriegelhersteller**". Abbildung 4.17 verdeutlicht diesen Zusammenhang. In der **Integrationsperspektive** der Strategiekarte verdienen die beiden Primärstrategien „Infrastruktur optimieren" und „Vertriebskompetenz stärken" besondere Beachtung. Eine verbesserte Infrastruktur zielt in der Strategy Map auf die Entwicklung von Unterstützungssystemen. Innerhalb der Balanced Scorecard erfolgt die Messung dieser strategischen Zielsetzung mittels der Kennzahl „Verfügbarkeit an Informationssystemen" (Zielwert: 100 %). Eine Stärkung der Vertriebskompetenz manifestiert sich in der Schulung sowie Weiterbildung von Außendienstmitarbeitern. Die Bewertung „Schulungen/Weiterbildungen pro Mitarbeiter und Jahr" ist der Scorecard zu entnehmen (Zielwert: 5).

Aus der forcierten Vertriebskompetenz gehen in der **Lieferantensicht** der Strategy Map Anstrengungen in Richtung „Servicegrad" und „Kollaboration" hervor. Deren Bewertung innerhalb der Scorecard erfolgt mittels der Indikatoren

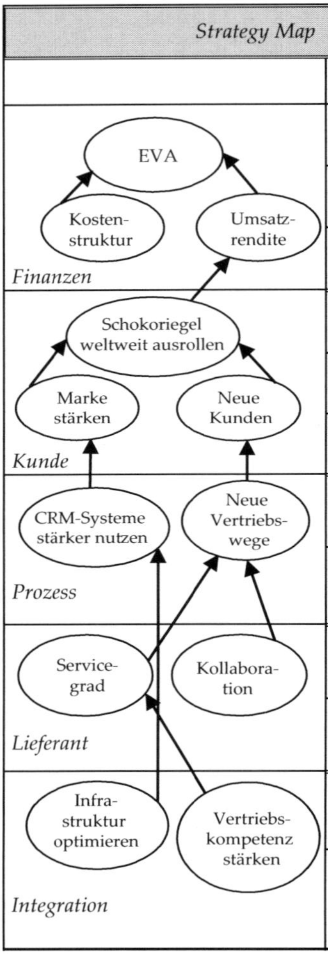

Strategy Map		Balanced Scorecard		
		Ziele	KPI	Zielwert	Aktion

Strategy Map	Ziele	KPI	Zielwert	Aktion
EVA	Wertsteigerung	EVA	50 Mio. €	
Kostenstruktur / Umsatzrendite (Finanzen)	Umsatzrentabilität	ROS	15%	
	Kostenstruktur	Kapitalkosten	150 Mio. €	
Schokoriegel weltweit ausrollen	Internationalisierung	Umsatzanteil Ausland	75%	
Marke stärken / Neue Kunden (Kunde)	Marke stärken	Markenwert	400 Mio. €	
	Neue Kunden	Neue/besteh. Kunden	20%	
CRM-Systeme stärker nutzen / Neue Vertriebswege (Prozess)	CRM	Available-to-Promise	100%	
	Vertriebswege (VTW)	Neue VTW/ bisherige VTW	15%	
Servicegrad / Kollaboration (Lieferant)	Servicegrad	Lieferservicegrad	95%	
	Kollaboration	Digital Links	30%	
Infrastruktur optimieren / Vertriebskompetenz stärken (Integration)	Unterstützungssystem entwickeln	Verfügbarkeit Informationssystem	100%	
	Schulung und Weiterbildung von Außendienst-MA	Schulungen / Weiterbildungen pro MA	5	

Abb. 4.17 Verzahnung von Scorecard und Strategy Map in der Supply Chain

„Lieferservicegrad" (Zielgröße: 95 %) und „Digital Links" (30 %). Basierend auf einer optimierten Lieferantenintegration, setzt der Schokoriegelhersteller auf „neue Vertriebswege" innerhalb der **Prozesssicht** (gemessen über das Verhältnis neuer Vertriebswege zu bisherigen Vertriebswegen in der Balanced Scorecard). Ebenso zeigt die Prozessperspektive die Zielsetzung einer „verstärkten Nutzung von CRM-Systemen" auf. Das intensivierte Management der Kundenbeziehungen wird in der Balanced Scorecard über die Kennzahl „Available-to-Promise" bewertet: Wenn der Schokoriegelhersteller in Richtung Handel das Versprechen hinsichtlich eines anvisierten Liefertermins abgibt, ist dieser Richtwert unbedingt einzuhalten (Zielwert: 100 %).

Innerhalb der **Kundendimension** zeigt die Strategy Map das Oberziel „Schokoriegel weltweit ausrollen". Getragen wird dieses Anliegen aus der „gestärkten Marke" sowie der „Gewinnung neuer Kunden" (gemessen über den Indikator „neue Kunden zu bestehenden Kunden", Zielwert 20 %). Die Anstrengung intensivierter Internationalisierung des Schokoriegelherstellers misst in der Scorecard der KPI „Umsatzanteil Ausland" (mindestens 75 %). Die gestärkte Marke wird just über eben jenen „Markenwert" gemessen (400 Mio. €).

Schließlich ist der **Finanzdimension** die Zielsetzung zur Verbesserung des Economic Value Added innerhalb der Strategy Map zu entnehmen. Die in der Strategy Map angestrebte Wertsteigerung wird in der Scorecard mit 50 Mio. € bewertet. Eine optimierte Kostenstruktur (gemessen über die Kapitalkosten) sowie eine Erhöhung der Umsatzrendite (bewertet über den Return on Sales) stützen die Bemühungen des Schokoriegelherstellers zur Forcierung eines Economic Value Added. In der Balanced Scorecard liegt die Messlatte für den ROS (Gewinn zu Umsatz) auf 15 %. Der Zielwert der Kapitalkosten beträgt 150 Mio. €.

4.5 Kritische Würdigung

Im Rahmen dieser kritischen Würdigung werden zunächst die **Stärken** der Scorecard diskutiert. Anschließend sind die Schwächen des Ansatzes aufzuzeigen (vgl. Werner 2000i, S. 455 ff.).

Die Scorecard ist ein **didaktisches Hilfsmittel**. Durch ihre Visualisierung schafft sie die Basis für Diskussionen und Kommunikationsprozesse im Supply Chain Management. Nicht nur der Insider erkennt rasch die Kerninhalte der Scorecard. Es besteht für die beteiligten Personen ein Zwang, sich dezidiert mit der Vision, den Strategien sowie den Maßnahmen im Supply Chain Management auseinanderzusetzen. Dadurch wird das kritische Überdenken des Status quo gefördert.

Die Kausalität der Balanced Scorecard gestattet innerhalb der Wertschöpfungskette eine **Rückverfolgung** von Ursachen für ihren finanziellen Erfolg oder

Misserfolg. Zum Beispiel kann eine Erhöhung der Umschlagshäufigkeit um 13 % primär in der Einführung von Kanban begründet liegen.

Durch die gleichzeitige Berücksichtigung von Markt- und interner Prozessperspektive verschmelzen im Supply Chain Management **Market-Based-View** und **Resource-Based-View**. Die Nachteile einer isolierten Anwendung der beiden Managementansätze werden ausgehebelt.

Die Balanced Scorecard zeigt nicht nur die aktuelle oder anvisierte Position (das *Wo*) in der Supply Chain. Das Konzept beschreibt auch das *Wie*, den konkreten Weg in diese Position. Vision und Mission werden auf die Ebene strategischer Ziele aufgebrochen. Anschließend sind diese Ziele durch Aktivitäten umzusetzen. Anders formuliert: Bei der Aufstellung der Balanced Scorecard findet eine Begrenzung des Interpretationsspielraums statt, indem eine – zunächst wenig klar erscheinende – Vision in konkrete Maßnahmen unternehmungsindividuell transformiert wird.

Diesen potenziellen Vorteilen der Supply Chain Scorecard stehen jedoch einige **Nachteile** (im Supply Chain Management) gegenüber. Im Folgenden sind diese Schwächen aufzulisten: Zunächst bleibt festzuhalten, dass die Auswahl von Kennzahlen pro Perspektive sowie die Bestimmung der konkreten Ausprägungen je Messgröße **subjektiv** sind, sie fallen quasi wie Manna vom Himmel.

Bei der Balanced Scorecard treten durch Auf- oder Abrundungen **Skalenbrüche** auf. In der Logistikkette kann sich die Reduzierung der Nacharbeitsrate auf 14,6 % belaufen. Zumeist wird dieser Wert auf 15,0 % aufgerundet und damit einer abgerundeten Nacharbeitsrate von 15,4 % gleichgesetzt. Obwohl zwischen den Zahlen eine Spannweite von 0,8 % besteht. Dadurch ergeben sich strukturelle Divergenzen.

Das Auflegen der Messlatten in den Perspektiven ist speziell für **weiche Faktoren** mit Problemen behaftet. Beispielhaft dafür stehen die Kennzahlen Image, Zufriedenheit oder Design. Eng verbunden ist die Schwierigkeit zur Vorgabe von Kennzahlen für **Innovationsleistungen**, die unternehmungsintern oder netzwerkgerichtet nicht vergleichbar sind.

Die generische Scorecard von *Kaplan* und *Norton* ist im Schwerpunkt **funktional und intern** orientiert und damit für ein echtes Netzwerkmanagement nur bedingt geeignet. Durch die Ausformulierung expliziter Kooperationsziele (untermauert durch die Ableitung modifizierter Perspektiven) lässt sich dieses Manko beheben.

Beim Aufbau der Scorecard werden Vision, Mission, Strategien und Ausprägungen seitens des Managements Top-Down vorgegeben. Die Realisierung der anvisierten Vorgaben obliegt den Mitarbeitern. Sie müssen sich mit den Inhalten der Supply Chain Scorecard identifizieren und die Richtwerte nachvollziehen. Eine mangelnde Mitarbeiterintegration und die Festlegung irrealer Ziele führen zu einem **Motivationsverlust** der Belegschaft.

Supply Chain Cost Tracking und Hard-(Soft)-Analyse

5

▶ Weitere Bausteine des Supply Chain Controllings sind Cost Tracking und Hard-(Soft)-Analyse. Es sind moderne Abweichungsanalysen, die, ähnlich wie klassische Kennzahlensysteme und Performance Measurement-Ansätze, die **Erfolgswirksamkeit** von Supply Chain-Aktivitäten bewerten.

5.1 Supply Chain Cost Tracking

In der Folge werden drei Möglichkeiten für ein **Supply Chain Cost Tracking** vorgestellt: Cost Tracking von Materialpreisen, Cost Tracking von Frachtkosten sowie Cost Tracking von Beständen. Sämtliche hier näher beschriebenen Ausprägungsformen basieren auf dem Einsatz von Formblättern.

▶ Das **Cost Tracking** ist ein spezielles Überwachungssystem, welches dem Aufzeigen der *Erfolgswirksamkeit* von Unternehmungsaktivitäten dient. Es ist häufig in ein Reportingsystem (Berichtswesen) integriert und als besondere Ausprägungsform einer *Abweichungsanalyse* ausgestaltet.

Zur Beschreibung des Cost Trackings von Beständen, Frachtkosten und Materialpreisen dient ein **Beispiel**: Die Phantomunternehmung *View AG* stellt Fernsehgeräte in Deutschland am Standort Frankfurt her. Zu Beginn des Geschäftsjahrs 2014 nimmt sie einen Lieferantenwechsel für LCD-Panels vor. Bislang wurde die Organisation mit LCD-Panels aus Italien beliefert, und zukünftig bezieht sie diese aus Mexiko. Das Cost Tracking der Materialpreise, Frachtkosten und Bestände erstreckt sich auf den Berichtsmonat Juli des laufenden Geschäftsjahrs.

H. Werner, *Kompakt Edition: Supply Chain Controlling*,
DOI 10.1007/978-3-658-05622-3_5, © Springer Fachmedien Wiesbaden 2014

5.1.1 Cost Tracking von Materialpreisen

Die Materialpreise werden in der Regel unter der Klasse sieben in der Gewinn- und Verlustrechnung gebucht. Sie sind eine Komponente der Herstellungskosten des Umsatzes. Änderungen in den Materialpreisen (Erhöhungen oder Reduzierungen) schlagen sich folglich zu 100 % auf den EBIT einer Erfolgsrechnung nieder. Für das Cost Tracking der Materialpreise entwirft das Controlling der *View AG* den **Chart I** (vgl. Abb. 5.1, Werner 1999f, S. 150 ff.). In diesem Chart ist die Materialpreisabweichung für LCD-Panels abgetragen. Alle Zahlen werden in Tausend Euro (T€) und negative Zahlen in Klammern angegeben. Die **Materialpreisabweichung** bemisst die Leistung des Einkäufers. Sie gibt den Unterschiedsbetrag zwischen den bereits im Vorjahr budgetierten und im laufenden Geschäftsjahr wirklich gebuchten (Actual), oder unterjährig geplanten (Outlook), Materialpreisen an.

- **Bereich A.1**: Bis zum Juli 2014 stehen dem Controlling aus den Monatsabschlüssen Istzahlen (Actual) zur Verfügung. Ab dem Monat August 2014 trägt das Controlling Planzahlen (Outlook) in den Chart.
- **Bereich B.1**: Der Bereich B.1 visualisiert die totale Materialpreisabweichung. Die Zahlen sind kumuliert. Bis zum Actual Juli beläuft sich die Materialpreisabweichung auf 194 T€. Ein Outlook (synonym als „Forecast" bezeichnet) stellt die unterjährige Planung der Materialpreise dar. Bis zum Dezember 2014 beträgt diese 322 T€.
  - *Volumeneffekt*: Auf den Volumeneffekt entfällt der Raubanteil dieser Materialpreisabweichung. Von den 194 T€ im Actual Juli 2014 sind ihm allein 154 T€ geschuldet. Diese Komponente ist durch den Einkäufer beeinflussbar. Mit der Umstellung der LCD-Panel-Belieferung von Italien nach Mexiko ist es dem Einkäufer gelungen, die Beschaffungspreise zu reduzieren.
  - *Börsenmaterial*: In die Herstellung der LCD-Panels geht Kupfer ein. Der Preis für Kupfer wird an der Börse notiert. Er ist durch den Einkauf nicht zu verhandeln. Kupfer kostet im Jahr 2014 mehr, als budgetiert wurde. Dieser Effekt ist separat auszuweisen. Er beziffert sich bis zum Jahresende 2014 auf (51) T€.
  - *Wechselkurseffekt*: Auch auf die Wechselkurse kann der Einkauf keinen direkten Einfluss ausüben. Von der totalen Materialpreisabweichung zum Dezember 2014 (322 T€) entfallen allein 125 T€ auf die Wechselkurse. Wenn diese Auswirkung auf einem Hedging basiert, hat der Bereich Treasury das Kurssicherungsgeschäft für diese Währung vorteilhaft abgeschlossen.
  - *Werkzeugkosten*: Werkzeugkosten nehmen in manchen Branchen hohe Beträge ein. Die (7) T€ basieren auf einer Werkzeugbeistellung an den LCD-Panel-Lieferanten.

	Chart I: Materialpreisabweichung (MPA) Projekt: LCD-Panel-Bezug aus Mexiko											
	View AG 2014		Alle Zahlen kumuliert							Monat: Juli		

		A.1	A.1	A.1	A.1	A.1	A.1	A.1	A.1	A.1	A.1	A.1	A.1
	Monat	01	02	03	04	05	06	07	08	09	10	11	12
	Periode	Act	Act	Act	Act	Act	Act	Act	Olk	Olk	Olk	Olk	Olk
B.1	Σ MPA	45	66	95	112	132	164	194	217	242	269	295	322
C.1	Komponenten der MPA												
	- Volumeneffekt	34	51	75	91	103	131	154	170	190	210	230	250
	- Börsenmaterial	(3)	(7)	(13)	(17)	(23)	(27)	(31)	(35)	(39)	(43)	(47)	(51)
	- Wechselkurseffekt	15	23	34	41	55	62	73	85	95	105	115	125
	- Werkzeugkosten	(1)	(1)	(2)	(4)	(5)	(5)	(5)	(6)	(7)	(7)	(7)	(7)
	- Skonto	0	0	1	1	2	3	3	3	3	4	4	5
D.1	MPA Bud	10	20	30	40	50	60	70	80	90	100	110	120
E.1	MPA Act/Olk vs. Bud	35	46	65	72	82	104	124	137	152	169	185	202

F.1	Aktionen zur Verbesserung der Materialpreisabweichung und Abweichungserklärungen												
	Monat	01	02	03	04	05	06	07	08	09	10	11	12
	Periode	Act	Act	Act	Act	Act	Act	Act	Olk	Olk	Olk	Olk	Olk

Aktionen zur Verbesserung der Materialpreisabweichung
-
-
-

Abweichungserklärungen (Act/Olk vs. Bud)
-
-
-

Legende: Act = Actual, Olk = Outlook, Bud = Budget
MPA = Materialpreisabweichung, alle Zahlen in Tausend Euro (T€)
Negative Zahlen werden in Klammern wiedergegeben

Abb. 5.1 Cost Tracking von Materialpreisen

– *Skonto*: Schließlich werden die gezogenen Skonti ausgewiesen. Sie leiten sich aus den Zahlungszielen ab. Zum Beispiel kann eine Zahlungsbedingung lauten: „Ziehung von 3 % Skonto bei Zahlung bis zum 10. Tag des Folgemonats oder nach 50 Tagen netto". Im Rahmen des LCD-Panel-Bezugs erzielt die *View AG* aus Skonti bis zum Jahresende voraussichtlich 5 T€.

- **Bereich D.1**: Hier trägt das Controlling die Zahlen für das Budget 2014 ein. Auf Basis des Lieferantenwechsels nach Mexiko, wird monatlich mit einer positiven Abweichung von 10 T€ gerechnet.
- **Bereich E.1**: Die Abweichungen zwischen Actual und Outlook sowie Budget finden sich in Block E.1. Bis zum Juli 2014 wird im Actual eine positive Abweichung von 124 T€ erzielt. Diese erhöht sich bis zum Jahresende auf 202 T€. Obwohl das Controlling bereits eine Reduzierung der Einkaufspreise durch den Lieferantenwechsel von 120 T€ im Budget berücksichtigte, wird diese Erwartung im laufenden Geschäftsjahr um 202 T€ übertroffen.
- **Bereich F.1**: Schließlich werden in diesen Bereich einzuleitende Aktionen zur Verbesserung der Materialpreisabweichung, sowie Erklärungen für diese Abweichungen, eingetragen und quantifiziert.

5.1.2 Cost Tracking von Frachtkosten

Weil die *View AG* ihre Frachtkosten unter der Klasse vier kontiert, beeinflussen sie den EBIT in der Gewinn- und Verlustrechnung zu 100 %. Für den LCD-Panel-Bezug aus Mexiko wird eine Belieferung Ab-Werk unterstellt. Die *View AG* trägt die Frachtkosten selbst. Das Cost Tracking der Frachtkosten findet sich in **Chart II** (vgl. Abb. 5.2).

- **Bereich A.2**: In diesen Bereich wird die Periode eingetragen.
- **Bereich B.2**: Die Frachtkosten sind kumuliert anzugeben. Bis zum Actual Juli 2014 belaufen sie sich für den LCD-Panel-Bezug aus Mexiko auf 166 T€. Der Outlook bis zum Dezember 2014 beträgt kumuliert 283 T€.
- **Bereich C.2**: Zunächst findet sich hier eine Unterscheidung in Eingangs- und in Ausgangsfrachten. Sie werden in die Bereiche normale Frachtkosten, Sonderfahrten und Zölle (letzte sind von der Logistik nur indirekt beeinflussbar) zerlegt. Den Raubanteil an Frachtkosten nehmen die Eingangsfrachten mit 267 T€ ein (Jahresendwert). Durch das Herunterbrechen der Frachtkosten in ihre Bestandteile, sind potenzielle Problembereiche sofort zu erkennen. Beispielsweise betragen die selektiven Sonderfahrten für den Monat März im Eingangsbereich 27 T€. Der Controller wird dem Frachtverantwortlichen eine Begründung dafür abverlangen.
- **Bereich D.2**: Das Budget für eine Belieferung von LCD-Panels aus Mexiko beziffert sich für Frachtkosten auf 240 T€ (pro Monat 20 T€).
- **Bereich E.2**: Es ergibt sich bis zum Jahresende 2014 eine negative Abweichung zwischen Actual (Outlook) und Budget von (43) T€.

		A.2	A.2	A.2	A.2	A.2	A.2	A.2	A.2	A.2	A.2	A.2	A.2
	Chart II: Frachtkosten **Projekt: LCD-Panel-Bezug aus Mexiko** View AG 2014 — Alle Zahlen kumuliert — Monat: Juli												
	Monat	01	02	03	04	05	06	07	08	09	10	11	12
	Periode	Act	Act	Act	Act	Act	Act	Act	Olk	Olk	Olk	Olk	Olk
B.2	**Σ Frachtkosten**	**23**	**38**	**80**	**105**	**123**	**136**	**166**	**181**	**207**	**232**	**256**	**283**
C.2	*Komponenten der Frachtkosten*												
	Eingangsfrachten	20	35	75	97	115	126	156	170	194	219	243	267
	- Normalfracht	17	29	42	61	79	88	113	125	145	165	185	205
	- Sonderfahrten	2	4	31	33	33	35	38	39	43	47	51	55
	- Zölle	1	2	2	3	3	3	5	6	6	7	7	7
	Ausgangsfracht.	3	3	5	8	8	10	10	11	13	13	13	16
	- Normalfracht	3	3	5	5	5	7	8	8	10	10	10	13
	- Sonderfahrten	0	0	0	3	3	3	3	3	3	3	3	3
	- Zölle	0	0	0	0	0	0	0	0	0	0	0	0
D.2	Frachtkosten Bud	20	40	60	80	100	120	140	160	180	200	220	240
E.2	Act/Olk vs. Bud	(3)	(2)	(20)	(25)	(23)	(16)	(26)	(21)	(27)	(32)	(36)	(43)
F.2	Aktionen zur Verbesserung der Frachtkosten/Abweichungserklärungen												
	Monat	01	02	03	04	05	06	07	08	09	10	11	12
	Periode	Act	Act	Act	Act	Act	Act	Act	Olk	Olk	Olk	Olk	Olk
	-												
	-												
	-												
G.2	Frachtkosten/ Umsatz (%)	01	02	03	04	05	06	07	08	09	10	11	12
	Umsatz BUD	2000	4000	6000	8000	10000	12000	14000	16000	18000	20000	22000	24000
	Frachtkosten/Umsatz (%)	1,00	1,00	1,00	1,00	1,00	1,00	1,00	1,00	1,00	1,00	1,00	1,00
	Umsatz Act/Olk	2013	5113	8356	10890	12993	14236	16730	19000	22000	25000	27000	29000
	Frachtkosten/Umsatz (%)	1,14	0,74	0,96	0,96	0 95	0,96	0,99	0,95	0,94	0,93	0,95	0,98

Legende: Act = Actual, Olk = Outlook, Bud = Budget
Alle Zahlen in Tausend Euro (T€)
Negative Zahlen werden in Klammern wiedergegeben

Abb. 5.2 Cost Tracking von Frachtkosten

- **Bereich F.2**: In den Abschnitt F.2 sind die Aktionen zur Verbesserung des Status quo und Erklärungen für Abweichungen in das Formblatt einzutragen. Diese Informationen liefert der Funktionsbereich Logistik.
- **Bereich G.2**: Im Bereich G.2 wird die Kennzahl „Frachtkosten in Relation des Umsatzes" berechnet. Die Frachtkosten weichen zum Jahresende 2014 absolut voraussichtlich um (43) T€ *negativ* ab. Allerdings sind absolute Zielvorgaben zum Teil irreführend. In Zeiten von Better Budgeting und Beyond Budgeting, sind sie durch relative Zielvorgaben zu ergänzen, oder gar zu ersetzen. Die höheren Frachtkosten ergeben sich, weil im Outlook bis zum Dezember 2014 ein gesteigerter Umsatz – verglichen mit dem Budget – um 5.000 T€ erzielt wird. Laut Budget 2014 waren bis zum Jahresende Frachtkosten, in Relation des Umsatzes, von 1,00 % erlaubt. Der Outlook weist jedoch lediglich einen Wert von 0,98 %, aus: Die Freigt-Ratio liegt 0,02 % besser, als im Budget eingeplant (*positive* Abweichung).

5.1.3 Cost Tracking von Beständen

Schließlich erstellt der Controller auch für das Cost Tracking von Beständen ein Formblatt (vgl. Chart III). Die Vorräte sind eine Komponente des Umlaufvermögens in der Bilanz der View AG. Sie binden Kapital und bewirken Opportunitätskosten. Auf Grund des Lieferantenwechsels von Italien nach Mexiko und der damit verbundenen deutlichen Verlängerung der Lieferzeiten, werden zusätzliche Sicherheitsbestände an LCD-Panels benötigt. Mit dieser Maßnahme möchte die *View AG* potenzielle Störungen und Lieferverzögerungen abfedern, um drohende Stock-outs zu vermeiden. Vgl. zum Cost Tracking der Bestände nachstehende Abb. 5.3.

- **Bereich A.3**: Wie in den ersten beiden Fällen, werden in diesen Block die Perioden des Cost Trackings eingetragen (Actual und Outlook).
- **Bereich B.3**: Die gesamten Bestände finden sich auf dem Chart in Bereich B.3. brutto (also vor Abwertung auf Grund von Ungängigkeit). Im Actual Juli 2014 beziffert sich der Bruttobestand an LCD-Panels insgesamt auf 229 T€.
- **Bereich C.3**: Die Vorräte werden schließlich in ihre Komponenten herunter gebrochen. Die Logistikleitung sieht unmittelbar, auf welche Komponenten sich die Verbesserungsmaßnahmen zur Bestandsreduzierung zuerst erstrecken müssen: Hier sind es eindeutig die Kaufteile, die beispielsweise in Konsignation genommen werden könnten.

	Chart III: Bruttobestände Projekt: LCD-Panel-Bezug aus Mexiko											

	View AG 2014			Alle Zahlen kumuliert						Monat: Juli		
	A.3	A.3	A.3	A.3	A.3	A.3	A.3	A.3	A.3	A.3	A.3	A.3
Monat	01	02	03	04	05	06	07	08	09	10	11	12
Periode	Act	Act	Act	Act	Act	Act	Ac	Olk	Olk	Olk	Olk	Olk
B.3 **Σ Bestände**	**286**	**276**	**287**	**267**	**268**	**260**	**223**	**214**	**210**	**195**	**188**	**175**

Komp. D Bruttobestände:

Rohmaterial	0	0	0	0	0	0	0	0	0	0	0	0
Kaufteile	177	199	203	187	199	187	165	150	150	140	135	126
Selbstgef. Teile	39	31	27	30	25	24	22	20	18	16	16	15
Work-in-Process	33	29	23	19	22	25	27	30	28	28	26	25
Fertigwaren	33	12	31	27	19	18	10	10	10	8	8	6
Beigst. Material	0	0	0	0	0	0	0	0	0	0	0	0
Anzahlungen	1	3	1	2	1	2	3	3	3	3	3	3
Sonstige	3	2	2	2	2	4	2	1	1	0	0	0

D.3 Bestand Bud	250	250	250	225	225	225	200	200	200	175	175	175

E.3 Act vs. Bud	(36)	(26)	(37)	(42)	(43)	(35)	(29)	(14)	(10)	(20)	(13)	0

F.3 Aktionen zur Verbesserung der Bestände und Abweichungserklärungen

Monat	01	02	03	04	05	06	07	08	09	10	11	12
Periode	Act	Act	Act	Act	Act	Act	Act	Olk	Olk	Olk	Olk	Olk

Aktionen zur Verbesserung der Bestände

-
-
-

Abweichungserklärung (Act/Olk vs. Bud)

-
-
-

Legende: Act = Actual, Olk = Outlook, Bud = Budget
Alle Zahlen in Tausend Euro (T€)
Negative Zahlen werden in Klammern wiedergegeben

Abb. 5.3 Cost Tracking von Beständen

- **Bereich D.3**: Im Budget 2014 wurde unterstellt, dass die Vorräte schrittweise insgesamt um 75 T€ abzubauen sind: Von 250 T€ im Januar, auf 175 T€ im Dezember. Dafür sind Maßnahmen zur Senkung von Vorräten einzuleiten.

- **Bereich E.3**: Im Outlook wird ein Ausgleich der negativen Abweichung (versus Budget) bis zum Jahresende eingeplant. Outlook und Budget sind im Dezember 2014 „in line" bei 175 T€. Ausgehend vom letzten verfügbaren Actual, sind folglich die Vorräte bis zum Jahresende um 29 T€ abzusenken.
- **Bereich F.3**: Schließlich werden (wie den beiden zuvor charakterisierten Charts auch) in den Bereich F.3 Aktionen zur Verbesserung und Erläuterungen für Abweichungen eingestellt.

5.2   Hard-(Soft)-Analyse

5.2.1   Charakterisierung

Eng verwoben mit dem Supply Chain Cost Tracking ist die **Hard-(Soft)-Analyse**. Sie ist ein recht neues Hilfsmittel des Controllings im Allgemeinen und des Supply Chain Controllings im Besonderen. In den 90er Jahren wurde es von anglo-amerikanischen Organisationen entwickelt (allen voran *ITT*). Hierzulande ist die Hard-(Soft)-Analyse bislang wenig bekannt. Erst seit wenigen Jahren wird das Instrument in Deutschland, primär in der Automobil- und ihrer Zulieferindustrie, eingesetzt. So nutzt zum Beispiel die Unternehmung *Continental Automotive Systems* die Hard-(Soft)-Analyse (vgl. Werner 1999d, e).

▶ Die **Hard-(Soft)-Analyse** trägt ihren Namen, weil positive Abweichungen innerhalb dieser Überleitung einen *Hard Spot* darstellen. Umgekehrt beschreiben negative Abweichungen einen *(Soft) Spot*. Dieser wird üblicherweise in Klammern wiedergegeben.

Eine Hard-(Soft)-Analyse eröffnet die Möglichkeit zur Darstellung der Erfolgswirksamkeit von Unternehmungsaktivitäten. Sie zeigt Erklärungen für **Abweichungen** auf. Dabei werden wesentliche Komponenten der *Gewinn- und Verlustrechnung* von einer Periode zur nächsten übergeleitet. Eine Abweichungserklärung erfolgt für ein Geschäftsjahr pro Quartal selektiv und für das gesamte Jahr kumulativ. Folgende Kombinationen von Abweichungsanalysen sind denkbar:

- Istzahlen versus Istzahlen (beispielsweise Actual 2013 verglichen mit Actual 2014),
- Istzahlen versus Planzahlen (wie die Gegenüberstellung Actual 2014 mit Budget 2014) und
- Planzahlen versus Planzahlen (zum Beispiel der Abgleich Budget 2014 mit Outlook 2014).

Die Überleitung in der Hard-(Soft)-Analyse bezieht sich zumeist auf drei ausgewählte Größen der **Gewinn- und Verlustrechnung**:

- Umsatz (*Sales*),
- EBIT (*Operating Profit*) sowie
- Jahresüberschuss (*Net Income After Tax*).

Auf Grund ihrer Fixierung auf die drei wesentlichen Komponenten einer Erfolgsrechnung, wird die Hard-(Soft)-Analyse synonym als **P-3-Analyse** (Position-3-Analysis) bezeichnet. Zumeist wird für ihre Durchführung ein Formblatt verwendet.

5.2.2 Beispiel für das Supply Chain Management

Das **Beispiel** einer Hard-(Soft)-Analyse im Supply Chain Management setzt das Cost Tracking von Materialpreisen, Frachtkosten sowie Beständen fort (vgl. Gliederungspunkt 5.1 ff.). Doch auch weitere Positionen der Erfolgsrechnung werden übergeleitet. Diese betreffen Löhne, Abschreibungen, Forschung und Entwicklung, Marketing oder Verwaltung. Für das Cost Tracking wurden drei unterschiedliche Formblätter entworfen. Sie zeigen mögliche Effekte des Lieferantenwechsels (von Italien nach Mexiko) für den LCD-Panel-Bezug des Fernseherstellers *View AG*. Diese Auswirkungen auf das Ergebnis der *View AG* werden in einer Hard-(Soft)-Analyse verrechnet. Das Management möchte von seinem Controlling wissen, ob der Lieferantenwechsel *insgesamt* wirtschaftlich sinnvoll ist. Dazu setzt der Controller die Hard-(Soft)-Analyse ein.

Die Erhöhungen oder Reduzierungen von **Materialpreisen** und **Frachtkosten** beeinflussen zu 100 % den EBIT in der Gewinn- und Verlustrechnung. **Bestände** werden in der Bilanz geführt. Sie betreffen das operative Ergebnis in der Erfolgsrechnung nur indirekt. Über den WACC werden die Auswirkungen auf den Operating Profit mit 10 % verzinst. Das Beispiel unterstellt, dass die Vorräte an LCD-Panels bei Anlieferung aus Italien in ein Konsignationslager auf dem Werksgelände genommen werden und sich damit kein Bestand an LCD-Panels im Eigentum der *View AG* befindet. Daher strömt nach Lieferantenwechsel – und der damit verbundenen Aufgabe des Konsignationslagers – der komplette Bestand aus Chart III (vgl. Gliederungspunkt 5.1.3) nach einer Verzinsung von 10 %, in die Hard-(Soft)-Analyse. Weiter wird angenommen, dass die Bewirtschaftung des Konsignationslagers die *View AG* jährlich 20.000 € gekostet hat. Durch die Auflösung des

Hard-(Soft)-Analyse														
View AG (LCD-Panel-Bezug aus Mexiko)									Währung: Tausend Euro (T€)					
Hard-(Soft)-Komponenten	1. Quartal 2014			2. Quartal 2014			3. Quartal 2014			4. Quartal 2014			Gesamtjahr 2014		
	S	O	N	S	O	N	S	O	N	S	O	N	S	O	N
BUD 2014	6000	800	400	6000	800	400	6000	800	400	6000	800	400	24000	3200	1600
Materialpreise	-	95	48	-	69	35	-	78	39	-	80	40	-	322	162
Löhne/Gehälter	-	(50)	(27)	-	(50)	(27)	-	(50)	(27)	-	(50)	(27)	-	(200)	(108)
AfA	-	(30)	(13)	-	(30)	(13)	-	(30)	(13)	-	(30)	(13)	-	(120)	(52)
F&E	-	-	-	-	-	-	-	(40)	(27)	-	(89)	(40)	-	(129)	(97)
Frachtkosten	-	(80)	(40)	-	(56)	(28)	-	(71)	(36)	-	(76)	(38)	-	(283)	(142)
Marketing	-	-	-	-	25	13	-	60	33	-	95	46	-	180	72
Verwaltung	-	(10)	(7)	-	(10)	(7)	-	(10)	(7)	-	(10)	(7)	-	(40)	(28)
Other	(23)	(24)	(12)	1026	(21)	(10)	497	(16)	(8)	(500)	(13)	(6)	1000	(74)	(36)
Operating Income	(23)	(99)	(51)	1026	(73)	(37)	497	(79)	(46)	(500)	(93)	(45)	1000	(344)	(229)
Zinsen	-	-	28	-	-	12	-	-	19	-	-	18	-	-	77
Steuern	-	-	6	-	-	4	-	-	5	-	-	5	-	-	20
Change	(23)	(99)	(17)	1026	(73)	(21)	497	(79)	(22)	(500)	(93)	(22)	1000	(344)	(132)
ACT 2014	5977	701	383	7026	727	379	6497	721	378	5500	707	378	25000	2856	1468

Legende: S = Sales, O = Operating Profit, N = Net Income After Tax
Negative Zahlen werden in Klammern dargestellt.

Abb. 5.4 Hard-(Soft)-Analyse

Konsignationslagers wird dieser Wert als Hard Spot, über das Jahr gleich verteilt, in die Analyse eingestellt (pro Quartal 5.000 €; vgl. Abb. 5.4).

- **Perioden**: Die drei Größen Umsatz, EBIT sowie Jahresüberschuss werden selektiv pro Quartal und für das komplette Geschäftsjahr 2014 kumulativ angegeben.
- **Basisplanung**: In diesem Abschnitt findet sich die Basisplanung. Sie bezieht sich auf das Budget 2014. Die Zahlen für den Umsatz werden Chart II (vgl. Gliederungsabschnitt 5.1.2) entnommen. Das Betriebsergebnis und der Jahresüberschuss stammen aus der Gewinn- und Verlustrechnung der *View AG*. Für das komplette Jahr 2014 lauten die Zahlen für Sales 24.000 T€, Operating Profit 3.200 T€ sowie Net Income After Tax 1.600 T€.

- **Komponenten**: Aus den Formblättern des Cost Trackings sind die Zahlen für Materialpreisabweichung, Frachtkosten sowie Bestände abzulesen. Kalkulatorisch werden die Bestände auf das Betriebsergebnis mit 10 % verzinst. Beispielsweise ergibt sich bei der Materialpreisabweichung im ersten Quartal 2014 ein Hard Spot von 95 T€ für den Operating Profit. Steuern und Zinsen reduzieren den Effekt auf den Jahresüberschuss auf 48 T€. Außerdem werden Effekte durch die Aufgabe des Konsignationslagers in der Position „Other" abgetragen. Pro Quartal betragen die Hard Spots 5 T€ (bezüglich des EBIT) sowie 3 T€ (Net Income After Tax). Der Bestandseffekt ergibt für das erste Quartal einen (Soft) Spot von 29 T€ für den Operating Profit und wird ebenfalls in der Position „Other" abgebildet. Da vereinfachend in dieser Position von keinen anderen Effekten bezüglich des EBIT ausgegangen wird, ist die Summe aus dem Bestandseffekt und den Auswirkungen aus der Aufgabe des Konsignationslagers zu bilden. Hierbei resultiert für das erste Quartal ein (Soft) Spot von 24T€.
- **Operating Income**: Jetzt wird die Größe Operating Income errechnet. Die Effekte aus dem Cost Tracking von Materialpreisen, Frachtkosten und Beständen werden in einer Hard-(Soft)-Analyse mit weiteren Komponenten verrechnet. Grundsätzlich sind sämtliche erfolgsrelevante Größen auf die Ergebnisrechung einzubeziehen. Um die Übersichtlichkeit zu wahren, sind hier lediglich einige mögliche Effekte verrechnet. Für das erste Quartal finden sich neben den drei oben erwähnten Zahlen beispielsweise Soft Spots aufgrund höherer Löhne (50 T€), gestiegener Abschreibungen (30 T€) und höheren Verwaltungsaufwendungen (10 T€). In Summe ergeben all diese Effekte für das operative im ersten Quartal einen Soft Spot von 99 T€.
- **Change**: Schließlich leitet diese Hard-(Soft)-Analyse vom Budget 2014 auf Actual/Outlook 2014 über. Folgende Resultate lassen sich in übersichtlicher Weise ablesen:

	BUD 2014 YE	Act/Olk 2014 YE	Hard/(Soft)
Sales	24.000	25.000	1.000
Operating Profit	3.200	2.856	(344)
Net Income After Tax	1.600	1.468	(132)

Legende: *YE* = Year End, *Bud* = Budget, *Act* = Actual, *Olk* = Outlook
Alle Zahlen in Tausend Euro (T€)

5.2.3　Kritische Würdigung

Die Hard-(Soft)-Analyse besticht durch ihre einfache Handhabung. Ein **Vorteil** des Formblatts ist seine universelle Nutzung. Nicht nur Insider überschauen den Inhalt schnell. Auf einen Blick wird die Erfolgswirksamkeit von Maßnahmen auf die Gewinn- und Verlustrechnung der Organisation visualisiert. Die Hard-(Soft)-Analyse erweist sich auch als didaktisches Hilfsmittel. Das komplette Geschäftsjahr wird auf die Quartalsebene verteilt. Das Instrument zeigt den Grund (das *Warum*) und den Zeitpunkt (das *Wann*) einer Ergebnisauswirkung auf.

Aus der Simplifizierung der Hard-(Soft)-Analyse ergeben sich jedoch auch ihre **Nachteile**. Das Instrument erstreckt sich auf drei ausgewählte Größen der Gewinn- und Verlustrechnung (Sales, Operating Profit, Net Income After Tax). Bilanzgrößen bleiben ausgeklammert, wodurch sich die Aussagekraft der Hard-(Soft)-Analyse reduziert. Außerdem ist die Auswahl von Komponenten in der Überleitung subjektiv. Daraus resultiert eine latente Manipulationsgefahr: Wenn der Controller ein vorgefasstes Ergebnis untermauern möchte, wird er gegenläufige Effekte aus der Analyse weitgehend ausklammern. Schließlich deckt die Hard-(Soft)-Analyse auf, *dass* ein schlechtes Ergebnis erwirtschaftet wurde. Sie liefert jedoch keinen Automatismus zur Verbesserung.

Working Capital Management in der Supply Chain

> ▶ Unterschiedliche Studien zeigen, dass durchschnittlich bis 30 % mehr Liquidität im Umlaufvermögen gebunden ist, als unbedingt notwendig wäre (vgl. Wäscher 2005, S. 118). Weiterhin nutzen Organisationen ihren **Innenfinanzierungsspielraum** offenkundig nur ungenügend. Insbesondere die Positionen des Umlaufvermögens (wie Forderungen und Vorräte) binden Kapital (vgl. Klepzig 2010; Meyer 2012; Weber und König 2012).

6.1 Charakterisierung

Ein Instrument des Supply Chain Controllings, das unmittelbar auf die Finanzlage wirkt, ist das **Working Capital Management**. Es erstreckt sich insbesondere auf Vorräte, Kundenforderungen sowie Lieferantenverbindlichkeiten. Das Working Capital Management soll helfen, die Kapitalbindung zu schmälern und Liquidität freizusetzen. Neben der Möglichkeit, durch ein erfolgreiches Working Capital Management verfügbares Kapital kurzfristig zu erhöhen, ergibt sich eine verbesserte Verhandlungsposition bei externen Kapitalgebern

> ▶ Ein **Working Capital** berechnet sich aus dem Umlaufvermögen, abzüglich aller nicht verzinslicher Verbindlichkeiten. Dieses Umlaufvermögen umfasst alle Vermögensteile, die sich innerhalb eines Jahres in liquide Mittel rückverwandeln lassen.

H. Werner, *Kompakt Edition: Supply Chain Controlling*, 121
DOI 10.1007/978-3-658-05622-3_6, © Springer Fachmedien Wiesbaden 2014

Zu dem Umlaufvermögen zählen Kasse, Bank, Vorräte, Forderungen aus Lieferungen und Leistungen sowie sonstige Forderungen und Vermögensgegenstände des Umlaufvermögens. Zu den **nicht verzinslichen Verbindlichkeiten** werden Schulden aus Lieferungen und Leistungen, kurzfristige Rückstellungen und sonstige unverzinsliche Verbindlichkeiten gerechnet (vgl. Weber und König 2012). Demnach sind Vermögensteile, die sich nicht innerhalb eines Jahres liquidieren lassen, kein Working Capital. Als Beispiel sind hier Forderungen **(Disputes)** anzuführen, deren Laufzeit größer als 365 Tage ist, sowie **Excess-and-Obsolete-Vorräte**, wenn sie eine Bestandsreichweite von mehr als 365 Tagen aufweisen.

Das Primärziel des Working Capital Managements liegt in einer Optimierung der Bilanzpositionen Vorräte, Forderungen und Verbindlichkeiten. Dazu wird der Liquiditätskreislauf **(Cash-to-Cash-Cycle)** optimiert. Dieser bemisst die Zeitspanne zwischen Zahlungsausgang und Zahlungseingang. Somit erstreckt sich das Working Capital auf das Forderungs-, Bestands- und Verbindlichkeitsmanagement (vgl. Heesen 2012; Hofmann et al. 2007, S. 159; Meyer 2012, S. 91; Ulbrich et al. 2008, S. 25).

- Im Rahmen des **Forderungsbereichs** verfolgt ein Working Capital Management das Ziel, Forderungen aus Lieferungen und Leistungen zu minimieren sowie den Forderungsumschlag zu erhöhen.
- Beim Management der **Vorräte** wird ein Anstieg der Lagerumschlagshäufigkeit anvisiert. Hierbei ist der latente Zielkonflikt zwischen Fehlmengenkosten und Bestandskosten auszuloten. Um die Balance hinsichtlich der „richtigen" Bestandshöhe zu finden, kann das Reichweitenmonitoring gute Dienste leisten.
- Dem Management der **Verbindlichkeiten** kommt die Aufgabe zuteil, Verbindlichkeiten aus Lieferungen und Leistungen durch Aufschub von Zahlungszielen und -dauer zu erhöhen und somit Working Capital zu verringern.

Des Weiteren wird das Working Capital Management als Instrument zur Steigerung der **Innenfinanzierungskraft** genutzt. Durch eine Reduzierung von Working Capital werden liquide Mittel freigesetzt, die zu einer Erhöhung des Unternehmungswerts führen. Nach einer Studie von *Horváth & Partners* sehen mehr als drei Viertel der Teilnehmer im Working Capital Management ein Instrument zur Generierung von Liquidität, Erhöhung der Kapitaleffizienz und allgemeiner Wertsteigerung (vgl. Hofmann et al. 2007, S. 155 f.). Innerhalb von Supply Chains soll Working Capital Management jedoch nicht zur bloßen Verschiebung der Kapitalkosten, sondern zur nachhaltigen Liquiditätsverbesserung führen (vgl. Heesen 2012, S. 51).

6.2 Besondere Bedeutung des Cash-to-Cash-Cycle

Der Cash-to-Cash-Cycle („**Liquiditätskreislauf**") ist wohl der bedeutsamste Vertreter eines Working Capital Managements. Dieser ermöglicht eine ganzheitliche und dynamische Betrachtung der Erfolgswirksamkeit von Maßnahmen entlang der kompletten Wertschöpfungskette.

▶ Der **Cash-to-Cash-Cycle** berechnet sich aus der Summe von Debitorentagen (Days Sales Outstanding) und Lagerreichweite (Days On Hand). Davon werden die Kreditorentage (Days Payables Outstanding) subtrahiert.

Ein Cash-to-Cash-Cycle dient als ein Maßstab für das in der Unternehmung gebundene Kapital (vgl. Losbichler und Rothböck 2008, S 55). Aus seiner Reduzierung leitet sich die Freisetzung von Liquidität aus dem Umlaufvermögen ab. Die Erhöhung flüssiger Mittel trägt zur Steigerung des Unternehmungswerts bei. Ein negativer Cash-to-Cash-Cycle bedeutet, dass eine Organisation die Forderungen der Kunden erhält, bevor die Verbindlichkeiten bei den Lieferanten beglichen werden (zinsloses Darlehen). Die **drei Bezugsgrößen** des Cash-to-Cash-Cycle leiten sich aus korrespondierenden Managementprozessen ab:

- Die Days Payables Outstanding (DSO) sind dem **Forderungsmanagement** entlehnt und bemessen die Zeitspanne zwischen Kundenbestellung und Kundenbezahlung („Order-to-Cash-Prozess").
- Das Bestandsmanagement errechnet sich über die **Lagerreichweite** [Days On Hand (DOH)]. Mit dem „Forecast-to-Fulfillment-Prozess" werden diesbezügliche Aktivitäten von Prognose, Produktion, Lagerung und Auslieferung beschrieben.
- Schließlich ist der „Procure-to-Pay-Prozess" in das **Verbindlichkeitsmanagement** eingebettet (Days Payables Outstanding [DPO]). Er umspannt die Dauer zwischen Einkauf und Zahlungsabgang (vgl. Eitelwein und Wohlthat 2005, S. 421 f.; Weber und König 2012, S. 112).

Somit besitzt der Liquiditätskreislauf die drei oben aufgeführten **Stellhebel**. Je geringer die durchschnittliche Vorrats- und Forderungsdauer ausfällt, desto positiver wirken sich diese Effekte auf den Cash-to-Cash-Cycle aus. Außerdem verbessert eine Erhöhung der durchschnittlichen Verbindlichkeitsdauer den Cash-to-Cash-Cycle.

6.3 Beispiel für das Supply Chain Management

Der Beitrag des Supply Chain Managements zur Optimierung des Working Capitals im Allgemeinen und zur Verbesserung des Cash-to-Cash-Cycle im Besonderen begründet sich aus Aktivitäten in Einkauf, Produktionslogistik und Vertrieb. Dieses **Zusammenwirken** wird an der Phantomunternehmung *Pharma AG* beispielhaft charakterisiert.

Eine der vorrangigen Aufgaben von **Vertriebsmitarbeitern** der *Pharma AG* besteht in der Realisation möglichst schneller Kundenzahlungen. Rasche Zahlungseingänge führen zur Minderung der Opportunitätskosten, da das eingenommene Geld alsbald einen Zins erwirtschaftet. Auf die Festlegung der Zahlungsfristen nehmen landesspezifische Gepflogenheiten und die Zahlungsmoral der Kunden gravierenden Einfluss (vgl. Eitelwein und Wohlthat 2005, S. 419; Weber et al. 2007, S. 112). Die *Pharma AG* wird ihre Machtstellung in der Supply Chain für einen möglichst raschen Zahlungseingang ausnutzen wollen. Aber auch die Kreditwürdigkeit der Kunden spielt eine gewichtige Rolle. Diesbezüglich sind beispielsweise der durchschnittliche Zahlungsverzug eines Geschäftspartners oder die Anzahl an Mahnungen pro Periode bedeutsam. Weitere Stellhebel der *Pharma AG* liegen in einer Festlegung von Kreditlinien (Begrenzung der Forderungsausfallrisiken), der elektronischen Rechnungsstellung, einer beschleunigten Reklamationsbearbeitung sowie dem verbesserten Mahnwesen begründet.

Die **Produktionslogistik** befindet sich in einem latenten Zielkonflikt. Einerseits wird die Absenkung der Lagerreichweite eingefordert. Anderseits darf der Lieferservicegrad unter dieser Bestandssenkung aber nicht leiden. Eine Verkürzung der Days on Hand bedingt in der Regel eine geringere Lieferflexibilität (vgl. Eitelwein und Wohlthat 2005, S. 419; Weber et al. 2007, S. 111 f.). Die *Pharma AG* kann zur Vorratsreduzierung das Just-in-Sequence-Prinzip anwenden. Besonders erfolgversprechend erscheint diese Philosophie in Verbindung mit der Kanban-Steuerung. Weitere Optimierungspotenziale erschließen sich durch die Implementierung eines Lieferanten-Logistik-Zentrums. Diese Unterform der Konsignation kombiniert die *Pharma AG*, für besonders geeignete Sachnummern, mit Vendor Managed Inventory. Ebenso wird eine Gängigkeitsanalyse durchgeführt, um Langsamdreher im Internet zu verkaufen. Außerdem wenden die Disponenten der *Pharma AG* Reichweitenmonitoring zur Überprüfung der Lagerumschläge pro Artikel an.

Schließlich werden die **Einkäufer** der *Pharma AG* versuchen, den Zahlungsabgang in Richtung Lieferant hinauszuzögern. Bis zu diesem Zeitpunkt gewährt ein Lieferant der *Pharma AG* quasi ein zinsloses Darlehen. Eine frühzeitige Begleichung von Rechnungsbeträgen lässt sich die *Pharma AG* durch die Ziehung von Skonti abgelten (vgl. Eitelwein und Wohlthat 2005, S. 419; Heesen 2012, S.53; Weber et al. 2007, S. 112; Weber und König 2012). Weitere Stellschrauben des Lieferantenmanagements der *Pharma AG* sind elektronische Rechnungsstellung (Reduzierung von Fehlüberweisungen, bessere Ausnutzung von Skonti), Wahl der Zahlungsart und Anwendung von Purchasing Cards.

6.4   Kritische Würdigung

Ein Working Capital errechnet sich aus Bilanzpositionen. Folglich stellt die Kennzahl eine Momentaufnahme dar, die sich aus historischen Größen ableitet. Der Cash-to-Cash-Cycle bringt zumindest eine Quasi-Dynamisierung in dieses eigentlich **statische Working Capital**: Er gewährleistet einen verbesserten Einblick in die Liquiditätslage. Ein Cash-to-Cash-Cycle zielt auf eine ganzheitliche Betrachtung der Leistungsfähigkeit von Wertschöpfungspartnern, indem er simultan Lieferanten- und Kundenströme abdeckt (vgl. Eitelwein und Wohlthat 2005, S. 417; Weber et al. 2007, S. 110).

Zudem ist der Cash-to-Cash-Cycle für **Kennzahlenvergleiche** zwar grundsätzlich interessant. Jedoch hinken diese Benchmarks über Branchengrenzen hinweg, indem insbesondere die Lagerreichweite zwischen den Unternehmungen sehr verschieden ist. Sie hängt von der Fertigungstiefe ab. *Dell* verfügt über eine Lagerreichweite von wenigen Tagen. Daraus leitet sich für *Dell* ein exorbitant hoher Lagerumschlag per annum ab, was eine solide Basis für einen hervorragenden Cash-to-Cash-Cycle darstellt. In der Chemie gelten hingegen andere Regeln. Lange Durchlaufzeiten – beispielsweise hervorgerufen durch extreme Vorwärm- und Einrichtzeiten – und komplexe Prozesse führen zu hohen Eindeckintervallen. Darunter leidet die Lagerreichweite, die für chemische Hersteller zum Teil über 200 Tagen liegt. Und natürlich wirken sich diese extremen Days on Hand direkt (und negativ) auf den Cash-to-Cash-Cycle aus. Folglich macht ein Kennzahlenvergleich in Richtung Liquiditätskreislauf zwischen *Dell* und Chemiekonzernen kaum einen Sinn.

Doch auch **landesspezifische Spielregeln** begrenzen den Aussagegehalt von Vergleichen des Working Capitals in Supply Chains. Dazu zählen Zahlungsmoral, Zahlungsgepflogenheiten, Rechnungslegungsvorschriften sowie steuerliche Aspekte.

Strategisches Kostenmanagement in der Supply Chain

7

▶ Das **strategische Kostenmanagement** offeriert grundsätzlich einen recht umfangreichen Fundus zeitgemäßer Hilfsmittel, die zur Aufdeckung von Verbesserungspotenzialen dienen. Da für ein Supply Chain Controlling insbesondere Target Costing, Prozesskostenrechnung, Lifecycle Costing sowie Total Cost of Ownership von besonderer Relevanz sind, werden eben jene Instrumente im Folgenden näher beschrieben.

Mit Hilfe von Target Costing werden Kostensenkungsmöglichkeiten in den frühen Entwicklungsphasen aufgedeckt. Die Prozesskostenrechnung identifiziert Verschwendungsaktivitäten, insbesondere in den Gemeinkostenbereichen. Schließlich gelingt es mit dem Einsatz von Lifecycle Costing und Total Cost of Ownership auch die Vorlauf- und die Nachlaufphasen von Supply Chain Projekten zu erfassen, da hier häufig die größten Verbesserungspotenziale insgesamt schlummern.

7.1 Target Costing

Die ersten wissenschaftlichen Veröffentlichungen zu Target Costing **(Zielkostenmanagement)** stammen von japanischen Autoren aus den späten 70er Jahren. Mitte der 80er Jahre fand Target Costing im anglo-amerikanischen Sprachraum Einzug. Die deutschsprachige Fachliteratur nimmt sich seit Ende der 80er Jahre des Zielkostenmanagements an.

▶ Die zentrale Frage bei **Target Costing** lautet nicht länger: „Was *wird* ein Produkt kosten?" Target Costing beschäftigt sich vielmehr mit der Fragestellung: „Was *darf* ein Produkt kosten?". Target Costing ist in Form

H. Werner, *Kompakt Edition: Supply Chain Controlling*,
DOI 10.1007/978-3-658-05622-3_7, © Springer Fachmedien Wiesbaden 2014

einer Vollkostenrechnung ausgestaltet. Der Schwerpunkt der Kostenbeeinflussung liegt nicht im eigentlichen Marktzyklus, sondern in den
frühen Phasen der Produktentstehung.

7.1.1 Supply Chain Controlling der frühen Phasen

Target Costing (vgl. Dinger 2002; Joos-Sachse 2006; Kremin-Buch 2012; Schulte-
Henke 2012; Seidenschwarz 2011) bedeutet ein zumeist marktfokussiertes Kostenmanagement. Es besteht aus einer Zielkostenplanung, Maßnahmen zur möglichst
frühzeitigen Kostenbeeinflussung sowie einer kostenorientierten Koordination
von Prozessen.

Der historische Vorläufer des Target Costings ist **Design-to-Cost**: Dieses findet
insbesondere in den USA bei der Bearbeitung von Großprojekten im staatlichen
Sektor Verwendung. Zu den wesentlichen Unterschieden zum Target Costing
zählt, dass der Startschuss für Design-to-Cost vom Kunden ausgeht und ein ge-
meinsames Vorgehen zwischen Auftraggeber und Auftragnehmer unabdingbare
Voraussetzung ist. Das Zielkostenmanagement verlangt zudem im Unterschied
zu Design-to-Cost keinen unmittelbar mit dem Kunden festgelegten und spezifi-
zierten Anforderungskatalog. Des Weiteren meint Design-to-Cost einen ständigen
Abstimmungs- und Anpassungsprozess zwischen Auftraggeber und Auftragnehmer und richtet sich im Kern eher auf B2A-Aktivitäten aus. Allerdings ist der
Ausgangspunkt identisch zum Target Costing, denn auch hier geht es um die
Vorgabe von möglichst nicht zu überschreitenden Kosten.

• Bekannte **Beispiele** für den Einsatz von Design-to-Cost stellen die Entwicklun-
  gen von Militärflugzeugen dar. In Europa wurde Design-to-Cost bereits von
  Rolls-Royce, Aerospatiale sowie Messerschmitt-Bölkow-Blohm angewendet.

Ein **Target-Costing-Prozess** verläuft in zwei grundlegenden Abschnitten. Zunächst werden die Gesamtzielkosten ermittelt, um anschließend eine Dekomposition produktbezogener Zielkosten vorzunehmen. Eine nähere Kennzeichnung
dieser Vorgehensweise findet sich nachstehend.

Zur **Festlegung der Gesamtzielkosten** bietet sich die Variante Market-into-
Company an (vgl. Joos-Sachse 2006, S. 75 ff.; Kremin-Buch 2012, S. 43 ff.).
Die Bestimmung der Zielkosten fußt auf der Subtraktionsmethode. Hierbei ist
zunächst der Zielverkaufspreis für ein neues Produkt durch das Marketing zu ermitteln (*Target Pricing*). Dies kann zum Beispiel durch Marktforschung anhand
einer Conjoint Analyse erfolgen. Basierend auf der vom Management vorgegebenen

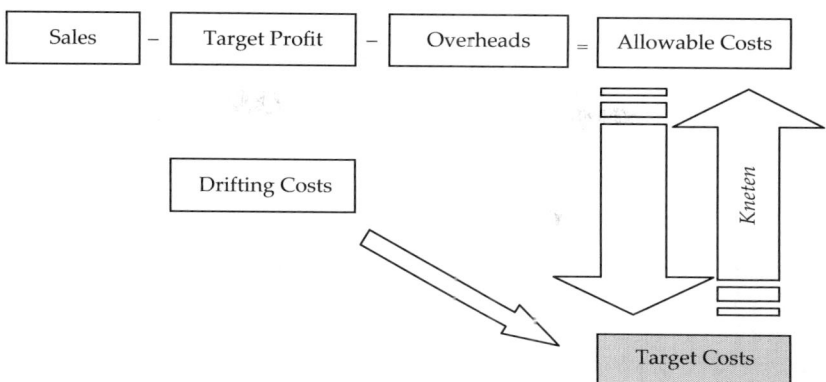

Abb. 7.1 Festlegung der Gesamtzielkosten

Umsatzrendite, wird der Zielgewinn für das Produkt (*Target Profit*) von den Umsätzen subtrahiert. Das Ergebnis stellen die für den Zielgewinn maximal erlaubten Kosten (*Allowable Costs*) dar, wobei gegebenenfalls allgemeine Verwaltungskosten (Overheads) separat auszuweisen sind, um in Einzel- und Gemeinkosten zu differenzieren. Anschließend kalkulieren Fachabteilungen ohne Innovationen anfallende Standardkosten (*Drifting Costs*). Dann erst beginnt das Kneten der Kosten, wodurch die Lücke zwischen den Allowable Costs und den Drifting Costs geschlossen wird (vgl. Abb. 7.1).

Das **Kneten der Kosten** bezieht sich in Target Costing Projekten auf Produkte, Prozesse oder Kooperationen. Stichpunktartig werden im Folgenden diesbezügliche Möglichkeiten zur Kostensenkung stichpunktartig aufgezeigt.

- **Produktbezogene Kostensenkungen:** Sie leiten sich beispielsweise aus Value Engineering ab, indem Konkurrenzleistungen auf Teileebene aufgelöst werden, um das Wissen der Wettbewerber abzukupfern. *Value Engineering* beschreibt eine Wertgestaltung. Dabei wird ein (Konkurrenz-) Produkt in Einzelteile zerlegt und nach relevanten Kosteneinflussfaktoren (Funktionen, Komponenten und Teile) Ausschau gehalten. Außerdem bietet sich als weitere produktbezogene Maßnahme zur Kostenbeeinflussung die Nachverhandlung über Einkaufspreise an. Schließlich sind weitere Verbesserungsmöglichkeiten der Produktstandardisierung geschuldet (Baureihenkonzept, Mehrfachverwendungsteile).
- **Prozessbezogene Kostensenkungen:** Vor allem die Prozesskostenrechnung leistet gute Dienste, wenn es um das Aufspüren von Optimierungspotenzialen in

den allgemeinen Verwaltungsbereichen geht. Dadurch gelingt es, die Kosten-treiber im administrativen Sektor offenzulegen. Zum Beispiel bietet sich vielfach die Fremdvergabe selten durchgeführter oder personalintensiver Aktivitäten an.

- **Kooperationsbezogene Kostensenkungen**: Insbesondere die Einbindung vor-gelagerter Wertschöpfungspartner verspricht Erfolg. Unter anderem können komplette Module von Systemlieferanten bezogen werden. Aber auch aus hori-zontalen Kooperationen leiten sich Kostensenkungspotenziale, mit der Bildung strategischer Allianzen, ab (Cost-Sharing der Entwicklungsaufwendungen).

Im Idealfall werden die Target Costs gleich den Allowable Costs gesetzt. Ist dies auf Grund der **Wettbewerbsintensität** nicht möglich, bietet es sich an, einen Kor-ridor zwischen Allowable Costs und Drifting Costs abzustecken. Die Target Costs finden sich zunächst ungefähr in der Mitte dieser Grenzwerte. Wie nah die Tar-get Costs beim Kostenkneten letztendlich an die Allowable Costs heranreichen, hängt freilich von der Wettbewerbsdynamik ab. Sollten die Target Costs den Al-lowable Costs entsprechen, werden die Kostenvorgaben im Unternehmen 1:1 als Kostenziele übernommen.

Nachdem die Zielkosten für ein Produkt als Ganzes festgelegt wurden, ist dieser Kostenblock auf die Ebene von Funktionen, Komponenten oder Teilen zu zerle-gen **(Dekomposition der produktbezogenen Zielkosten)**. Die Produktmerkmale werden in objektive und subjektive Bestandteile untergliedert.

- **Objektive Merkmale**: Hierunter fallen *Characteristics* (harte Faktoren). Bei einem Auto sind dies Allradantrieb, Airbag, Diebstahlsicherung oder Seiten-aufprallschutz.
- **Subjektive Merkmale**: Die weichen Faktoren werden als *Benefits* bezeichnet. Sie sind kundenspezifisch und resultieren aus der Wahrnehmung sowie der Beurteilung durch einen Kunden.

Zur **Dekomposition** der produktbezogenen Zielkosten bieten sich insbesondere die Funktionskostenmatrix (*Function Cost Matrix*) und das Zielkostenkontroll-diagramm (*Value Control Chart*) an, was in den weiteren Ausführungen deutlich wird.

7.1.2 Weitere Target Costing-Verfahren im Überblick

Neben der oben charakterisierten Technik Market-into-Company, stehen mit Out-of-Company, Into-and-out-of-Company, Out-of-Competitor und Out-of-Standard-Costs **weitere Verfahren** des Zielkostenmanagements zur Verfügung.

- **Out-of-Company:** Hier werden die Zielkosten nicht aus dem Markt abgeleitet, sondern auf Basis von Entwicklungs- und Produktionsgegebenheiten – und unter Berücksichtigung des vorhandenen Erfahrungsschatzes – bestimmt. Basis für die Zielkostenableitung sind interne Verfahrens- und Technologiestandards, sowie der notwendige Erfahrungsschatz. Bei dieser Methode werden Kosteninformationen früherer Produkte, entsprechend den Anforderungen des neuen Produkts, hochgerechnet, um danach über die Projektannahme zu entscheiden. Das Verfahren ist schnell (geeignet für kurzfristige **Ausschreibungen**) und bietet sich als Kalkulationsbasis von Innovationen an. Aufgrund der fehlenden Marktorientierung müssen die Zielpreise jedoch ständig hinsichtlich ihrer Durchsetzbarkeit am Markt überprüft werden (**Flop-Gefahr**).
- **Into-and-out-of-Company:** Diese Methode beschreibt eine **Kompromisslösung**, bei der die eingangs beschriebenen Ansätze Market-into-Company und Out-of-Company kombiniert werden. Into-and-out-of-Company ist theoretisch wünschenswert, da Markt- und Ressourcenorientierung Berücksichtigung finden. Doch auf Grund der komplexen Zielkostenbestimmung, ist mit der Verlängerung der Time-to-Market zu rechnen (geringe Praxisrelevanz).
- **Out-of-Competitor:** Bei der Variante Out-of-Competitor werden die Kundenanforderungen nicht aus Kundenansprüchen abgeleitet. Stattdessen ist ein **Konkurrenzprodukt** als Ausgangsbasis auszuwählen (Value Analysis). Folgendes Vorgehen ist denkbar: Entweder wird ein vergleichbares Produkt zu einem niedrigeren Preis angeboten, oder einem vergleichbaren Preis müssen am Ende bessere Produkteigenschaften gegenüberstehen. Da die Drifting Costs der Konkurrenz nicht bekannt sind, können diese allenfalls geschätzt werden. Außerdem ist diese Variante vergangenheitsorientiert (die Konkurrenz wird nicht überholt, man zieht im besten Fall mit ihr gleich).
- **Out-of-Standard-Costs:** Out-of-Standard-Costs ist wohl am weitesten entfernt von der eigentlichen Vorstellung des Target Costings. Dieser Ansatz ist – wie auch Out-of-Company – primär nach innen gerichtet und verfolgt keine direkte Marktorientierung. Hier werden zunächst Drifting Costs bestimmt, um diese mit Plankosten (**Optimal Costs**) zu vergleichen. Aus der Differenz ergibt sich die Kostenknetmasse.

7.1.3 Beispiel für das Supply Chain Management

Im Folgenden wird ein **Beispiel** für die Variante Market-into-Company anhand des Produkts „TV-Show" beschrieben (vgl. Usadel 2002). Zunächst legt die Geschäftsleitung die einzubeziehenden Funktionen des Produkts „TV-Show" fest.

Im gegebenen Beispiel werden die folgenden (Haupt-) Funktionen identifiziert: Quote/Marktanteil, Unterstützung zur Werbung, Beitrag zur Markenbildung, Unterhaltung, Bildung und Promotion. Im Anschluss werden die zuvor ermittelten Funktionen mit Hilfe einer Kundenbefragung gewichtet. Hieraus ergibt sich folgendes Bild:

Funktionen der TV-Show		
1)	Quote/Marktanteil	11 %
2)	Unterstützung zur Werbung	10 %
3)	Beitrag zur Markenbildung	16 %
4)	Unterhaltung	28 %
5)	Bildung	32 %
6)	Promotion	3 %
Summe		100 %

Im nächsten Schritt gilt es, die vom Markt erlaubten Kosten (**Allowable Costs**) zu bestimmen. Darüber hinaus sind die Produktstandardkosten (**Drifting Costs**) und der Kostensenkungsbedarf zu ermitteln. Nachdem die Gesamtzielkosten festgelegt sind, wird der komplette Kostenblock „TV-Show" in seine Komponenten zerlegt. Jeder Komponente ist ihr prozentualer **Kostenanteil am Gesamtprodukt** zuzuteilen. Die Kostenanteile der Produktstandardkosten sind früheren Kostenkalkulationen zu entnehmen. Die Komponenten „Moderator" und „Co-Moderator" werden nicht weiter verfolgt, um keine Trade-offs zu erzielen (ohne guten Moderator floppt die komplette TV-Show).

Komponenten der TV-Show		Kostenanteile (%)
K1	Protagonisten	2
K2	Gäste	18
K3	Inhalte/Autoren	26
K4	Aktionen	6
K5	Live-Aktionen	14
K6	Einspieler	12
K7	Band	19
K8	Studio/Technik	3
(K9)	(Moderator)	
(K10)	(Co-Moderator)	
Summe		100

Anschließend sind die bereits identifizierten Funktionen der „TV-Show" den Komponenten gegenüberzustellen (**Funktionen-Komponenten-Matrix**). Die Gewichtung erfolgt in Absprache mit den zuständigen Unternehmungsbereichen auf Basis einer subjektiven Beurteilung. Diese Aufstellung zeigt, mit welchem Gewicht einzelner Komponenten die Teilfunktionen realisiert werden. Zum Beispiel decken die „Gäste" zu 14 % die Funktion „Unterhaltung" ab (vgl. Usadel 2002, S. 41 ff.).

Funktionen Komponenten	Quote/ Marktanteil (%)	Werbung (%)	Marken- bildung (%)	Unter- haltung (%)	Bildung (%)	Promotion (%)
K1 Protagonisten	27	27	25	25	26	22
K2 Gäste	23	15	10	14	15	25
K3 Inhalte/Autoren	18	7	7	11	7	3
K4 Aktionen	11	20	22	21	19	14
K5 Live-Aktionen	11	20	19	18	23	18
K6 Einspieler	7	7	3	7	10	7
K7 Band	–	4	14	4	–	11
K8 Studio/Technik	3	–	–	–	–	–
Summe	100	100	100	100	100	100

Die Werte der Funktionen-Komponenten-Matrix werden mit den Bedeutungsstärken der Funktionen verknüpft. Das Ergebnis bildet den prozentualen Beitrag einer Komponente zur Realisierung der gewichteten Funktionen ab (**gewichtete Funktionen-Komponenten-Matrix**):

Funktionen Komponenten	Quote/ Marktanteil (%)	Werbung (%)	Marken- bildung (%)	Unter- haltung (%)	Bildung (%)	Promotion (%)	Nutzen- anteil (%)
Gewichtung	11	10	16	28	32	3	100
K1 Protagonisten	3,0	2,7	4,0	7,0	8,3	0,7	25,7
K2 Gäste	2,5	1,5	1,6	4,0	4,8	0,8	15,2
K3 Inhalte/Autoren	2,0	0,7	1,1	3,0	2,2	0,1	9,1
K4 Aktionen	1,2	2,0	3,5	5,9	6,0	0,4	19,0
K5 Live-Aktionen	1,2	2,0	3,0	5,0	7,4	0,5	19,1
K6 Einspieler	0,8	0,7	0,5	2,0	3,2	0,2	7,4
K7 Band	–	0,4	2,2	1,2	–	0,3	4,1
K8 Studio/Technik	0,3	–	–	–	–	–	0,3

Im letzten Schritt werden aus dem Verhältnis Nutzenanteil zu Kostenanteil die **Zielkostenindizes** ermittelt. Beispielsweise berechnet sich K1 aus der Division von 25,7 zu 2,0 % (12,8). Wünschenswert ist ein Zielkostenindex „*gleich 1*", dann entspricht der Ressourceneinsatz dem Kundennutzen. Ein Zielkostenindex „*kleiner 1*" bedeutet, dass die Produktkomponente „zu teuer" ist. Reziprok spiegelt ein Index „*größer 1*" eine „zu einfache" Produktion (vgl. Usadel 2002, S. 43).

Komponenten der TV-Show		Kosten-Anteil (%)	Nutzen-anteil (%)	Zielkos-tenindex
K1	Protagonisten	2	25,7	12,8
K2	Gäste	18	15,2	0,8
K3	Inhalte/Autoren	26	9,1	0,4
K4	Aktionen	6	19,0	3,2
K5	Live-Aktionen	14	19,1	1,4
K6	Einspieler	12	7,4	0,6
K7	Band	19	4,1	0,2
K8	Studio/Technik	3	0,3	0,1
Summe		100	100	–

Die Ergebnisse der Zielkostenindizes für die einzelnen Produktkomponenten lassen sich in einem **Zielkostenkontrolldiagramm** (vgl. Abb. 7.2) visualisieren. Nach Durchführung einer Analyse, werden anschließend Maßnahmen zur Kostenoptimierung eingeleitet. Im gegebenen Beispiel besteht insbesondere für die Komponenten 3 und 7 ein konkreter Kostensenkungsbedarf (sie sind erheblich zu teuer). Hingegen sind die Komponenten 1 und 4 hinsichtlich ihres Kundennutzens „zu einfache" gestaltet. Sie weisen auf eine Funktionsverbesserung hin (vgl. Usadel 2002, S. 43).

7.1.4 Kritische Würdigung

Ein **Vorteil** des Target Costings ist der Zwang zur Aufdeckung von Schwachstellen im Entwicklungsprozess. Die Zielkosten sind nur schwer einzuhalten. Dadurch besteht die Notwendigkeit zur Identifizierung kostspieliger Prozesse innerhalb der Supply Chain. Es werden Lösungen mit geringeren Kosten gesucht. Allerdings darf die Qualität unter dem Kneten der Produktkosten nicht leiden (latente Trade-off-Gefahr).

Wenn die Variante Market-into-Company eingesetzt wird, findet im Supply Chain Management die Berücksichtigung von Lieferanten-, Kunden- und Konkur-

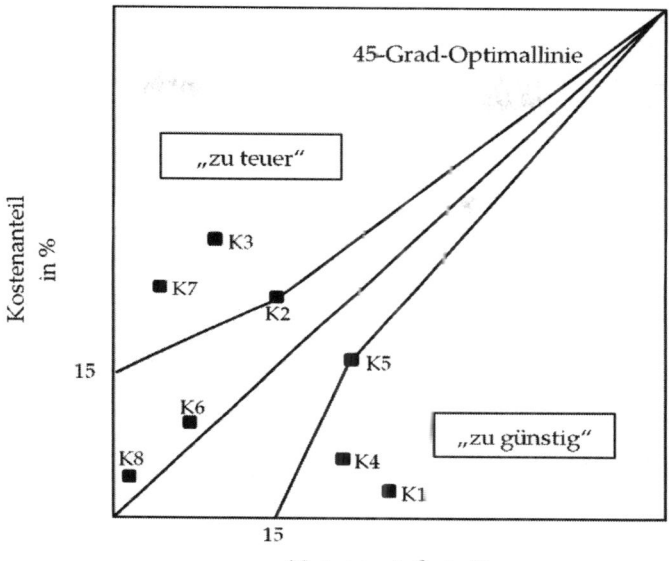

Abb. 7.2 Zielkostenkontrolldiagramm

renzattributen statt. Die wesentlichen **Marktdeterminanten** sind also abgedeckt, und die Gefahr am Markt vorbei zu entwickeln, wird minimiert.

Nach der **80-20-Regel** besteht in den frühen Phasen die größte Möglichkeit zur Kostensenkung: 80 % der Kosten werden im Entstehungszyklus determiniert. Nur 20 % der Kosten sind im Marktzyklus (wenn das Produkt bereits auf dem Markt eingeführt ist) disponibel. Und Target Costing hat seine Stärken gerade in diesen frühen Phasen.

Jedoch ist die Einbeziehung der relevanten Kosten ein Problem des Target Costings. Ausgestaltet als **Vollkostenrechnung**, werden nicht unmittelbar oder mittelbar auf das Produkt bezogene Kosten den Produkteinheiten nach Anlastungsprinzipien zugeordnet. Die produktfernen Overheads (also die Verwaltungs- sowie Material- und Fertigungsgemeinkosten) werden, im Verhältnis zu den Einzelkosten oder den Herstellungskosten, auf die Produkteinheiten verteilt. Dadurch ergibt sich eine nicht gerechtfertigte Proportionalisierung.

Ein weiteres **Problem** des Target Costings besteht in der Bewertung der Nutzenanteile von Produkten **(Subjektivität)**. Mit Hilfe der Einleitung von Conjoint

Analyse kann dieses Problem allerdings zumindest begrenz werden, indem Proban-
den nicht länger Produkte ein Produkt als Ganzes, sondern vielmehr als heterogenes
Bündel seiner Teileigenschaften bewerten.

Sobald die Target Costs den **Allowable Costs** entsprechen, wird das Kneten allzu
häufig eingestellt. Wenn im umgekehrten Falle die Messlatte für die Allowable Costs
und die Target Costs zu hoch angesetzt ist, wird ein Projekt gar nicht erst gestartet,
wodurch man sich vorab aus dem Markt katapultiert.

Schließlich kann sich ein weiterer Nachteil durch die mangelnde **Akzeptanz** des
Verfahrens bei den Mitarbeitern einstellen, indem die Zahlen von der Führung Top-
Down vorgegeben werden. Dann erscheint die Festlegung der Zielwerte willkürlich
und für die Belegschaft wenig nachvollziehbar (zum Beispiel für den Target Profit).

7.2 Prozesskostenrechnung

Den Anstoß zur Erarbeitung der Prozesskostenrechnung lieferten *Miller* und
Vollmann in ihrem legendären Artikel „*The hidden Factory*" (vgl. Miller und
Vollmann 1985). Sie erkannten das Problem: Dass die indirekten Bereiche einer Unternehmung kostenrechnerisch im Verborgenen lagen. Den Lösungsweg
nannten sie jedoch leider nicht. Dies taten *Cooper* und *Kaplan* (vgl. Kaplan
und Anderson 2007). Basierend auf diesen Überlegungen von *Miller* und *Vollmann*, entwickelten sie das **Activity Based Costing** (ABC). Ein Activity Based
Costing bezog sich ursprünglich auf einzelne Aktivitäten. Im Laufe der Zeit näher-
te sich ABC der Prozesskostenrechnung an, indem diese Tätigkeiten mittlerweile
zu Neben- und Hauptprozessen zusammengefasst werden. Beispielsweise kann
der „Wareneingang" einen Hauptprozess abbilden. Dieser untergliedert sich in
die prägenden Nebenprozesse „Wareneingangskontrolle", „Zoll" und „Vereinnah-
mung von Waren". Schließlich stellen Messen, Wiegen und Zählen Aktivitäten der
Wareneingangskontrolle dar (vgl. Balzer und Zirkler 2007; Kaplan und Anderson
2007; Rauhut 2010; Remer 2005).

7.2.1 Gemeinkostenreduzierung mit Hilfe von Prozesskosten

▶   Die **Prozesskostenrechnung** dient der Verbesserung der *Kostentrans-
     parenz* in den indirekten Bereichen. Dazu werden die leistungsneutralen

Verwaltungstätigkeiten innerhalb der Prozesskostenrechnung aufgebrochen und im Verhältnis zu den leistungsinduzierten Aktivitäten
verrechnet.

Das *Fraunhofer Institut für Arbeitswirtschaft und Organisation* (IAO) in Stuttgart
hat errechnet, dass ein Beschaffungsprozess in der Supply Chain durchschnittlich
zwischen 80 und 130 € verschlingt (vgl. Werner 2013a, S. 31). Dennoch ist die
Prozesskostenrechnung in der Supply Chain nicht sonderlich verbreitet: Auf Basis
der **„Triade-Studie"**, an der sich über 300 Unternehmungen branchenübergreifend
und weltweit beteiligten, wurde festgestellt, dass lediglich knapp 30 % der befragten
Unternehmungen ihre Wertschöpfungskosten auf Basis der Prozesskostenrechnung bestimmen. Viele dieser Wettbewerber (mehr als 20 %) berechnen ihre Kosten
in den Lieferketten noch nicht einmal separat. Sie weisen diese unter den Allgemein-
, Vertriebs-, oder Verwaltungskosten aus. Mit Hilfe der Prozesskostenrechnung ist
es einem japanischen Chemiekonzern gelungen, die Bestandsreichweiten auf knapp
vier Tage zu drücken (der Branchendurchschnitt liegt bei 18 Tagen). Dazu haben sie
den kompletten Supply Chain-Prozess dekomponiert und Schwachstellen in den
Bereichen physische Logistikfunktionen, Lagerung, Verpackung, Abschreibung
und Verwaltung systematisch ausgemerzt (vgl. Werner 2013a, S. 398).

Eine Prozesskostenrechnung beinhaltet vier prägende **Arbeitsschritte**: Prozessidentifizierung durch Tätigkeitsanalyse, Auswahl von Maßgrößen, Festlegung
von Planprozessmengen und Prozesskosten sowie Ermittlung von Prozesskostensätzen. Im Folgenden werden diese Phasen der Prozesskostenrechnung näher
charakterisiert.

1. Prozessidentifizierung durch Tätigkeitsanalyse.
   Der komplette Tätigkeitsprozess zur Leistungserstellung wird aufgebrochen.
   Physische und wertmäßige Teilprozesse sind eine Kette homogener Aktivitäten. Sie werden den **Hauptprozessen** auf Kostenstellenebene zugeordnet.
   Ein Teilprozess schließt mit einem Arbeitsergebnis. So werden beispielsweise die Teilprozesse „Einlagerung" und „Auslagerung" unter den Hauptprozess
   „Lagerwesen" gefasst.
2. Auswahl von Maßgrößen
   Nachdem die Teilprozesse einer Kostenstelle identifiziert sind, ist das Volumen
   in variable (*leistungsmengeninduzierte*) und fixe (*leistungsmengenneutrale*) Bestandteile zu differenzieren. Für alle variablen Komponenten einer Kostenstelle,
   werden signifikante Einflussfaktoren (die so genannten **Cost Driver**) bestimmt.
   Kostentreiber sind Maßgrößen zur Quantifizierung repetitiver Aktivitäten. Für

sie wird ein Mengengerüst aufgebaut, was für die leistungsmengenneutralen Kosten nicht notwendig ist.

3. Festlegung von Planprozessmengen und Prozesskosten
   Für die gesamten leistungsmengeninduzierten Prozesse sind die Ausprägungen der **Maßgrößen** zu fixieren. Sie dienen als Grundlage zur Kostenplanung. Auf ihnen beruht die Quantifizierung der Aktivitäten. Die Planprozessmengen sind aus den Leistungsanforderungen der Engpassbereiche abzuleiten. Aus jedem Prozess werden – mit Hilfe technischer und kostenrechnerischer Analysen – Kostenarten spezifiziert. Als Berechnungsbasen dienen Planprozessmengen. In den indirekten Bereichen dominieren auf einer Kostenstelle häufig die Personalkosten. Zur Arbeitserleichterung werden weitere Kostenarten (Miete, Strom, Büromaterial) proportional zu den Personalkosten auf der Kostenstelle verteilt („geflext“).

4. Ermittlung von Prozesskostensätzen
   Für alle leistungsmengeninduzierten Aktivitäten werden die Kosten für ihre einmalige Inanspruchnahme festgelegt. Dazu sind die Prozesskosten durch die Planprozessmengen zu dividieren (**Prozesskostensätze**). Bei der Weiterverrechnung der Kosten in den internen Leistungsbereichen bleiben die leistungsmengenneutralen Prozesse, und die durch sie verursachten Kosten, unberücksichtigt. Eine permanente Vorgabe und die Kontrolle von Kosten in den indirekten Bereichen können kostenstellenbezogen oder gesamtprozessbezogen erfolgen. Für einzelne Kostenstellen zeichnet der Kostenstellenleiter verantwortlich, für Gesamtprozesse der Process Owner.

7.2.2 Beispiel für das Supply Chain Management

Der Einsatz einer Prozesskostenrechnung wird durch ein Beispiel verdeutlicht. Dieses bezieht sich auf das mögliche Outsourcing eines Betriebsrestaurants: Eine Zulieferunternehmung der Pharmaindustrie betreibt derzeit ein eigenes **Betriebsrestaurant** (eine „Kantine"). Die Geschäftsführung spielt mit dem Gedanken, entweder die gesamte Bewirtschaftung der Kantine in die Hände Dritter zu geben, oder zumindest Teile davon. Das Controlling ermittelt diesbezüglich, mit Hilfe der Prozesskostenrechnung, die Make-Alternative. Hinsichtlich der Kostenfeststellung möglicher Buy-Alternativen initiiert der Einkauf eine offene Ausschreibung, an der „Caterer" teilnehmen können.

Der Controller folgt den idealtypischen Arbeitsschritten zur Bestimmung von Prozesskostensätzen (vgl. die vier Hauptschritte der Vorseiten). Somit nimmt er über Interviews Tätigkeitsanalysen auf der Kostenstelle „Betriebsrestaurant" vor.

Dazu definiert das Controlling folgende **Teilprozesse:** Zutaten bereitstellen, Speisen zubereiten, Essen ausgeben, Kassiervorgang, Tabletts einsammeln, Spülvorgang und allgemeine Verwaltung.

Abbildung 7.3 zeigt diese sieben Teilprozesse auf. Die folgenden Angaben beziehen sich auf den selektiven Berichtsmonat März 2014. Anschließend werden die **Maßgrößen** pro Teilprozess festgelegt und **quantifiziert**. Beispielhaft steht die Maßgröße „Anzahl Menüs" für den Teilprozess „Speisen zubereiten". Aus der Darstellung geht hervor, dass im März 2014 insgesamt 2.000 Speisen zubereitet werden. Eine Kostenzurechnung auf die Teilprozesse erfolgt über **Mannjahre**. Der Kostenstellenleiter verteilt die Gesamtzahl an Köpfen auf die Aktivitäten. Die betrachtete Aktivität „Zubereitung der Speisen" bindet 4,0 Personen (in Mannjahren). Von den 9,0 Mannjahren insgesamt, entfallen 2,0 Mannjahre auf verwaltende Tätigkeiten.

Die nächsten Informationen zur Bestimmung der Prozesskostensätze entnimmt der Controller dem Monatsabschluss März 2014. An **Personalkosten** entstehen auf der Kostenstelle insgesamt 72.000 €. Diese sind in leistungsmengenneutrale als auch in leistungsmengeninduzierte Komponenten aufzuteilen. Als leistungsmengenneutral werden die verwaltenden Aktivitäten definiert (16.000 € für 2,0 Köpfe). Die restlichen 56.000 € stellen leistungsmengeninduzierte Kosten dar (7,0 Köpfe).

Im nächsten Schritt ermittelt der Controller die **Prozesskosten** für sämtliche **leistungsmengeninduzierten** Aktivitäten. Insgesamt sind 56.000 € auf die sechs direkten Tätigkeiten zu verteilen. Für das Beispiel „Speisen zubereiten" (Teilprozess 2) berechnen sich die leistungsmengeninduzierten Prozesskosten von 32.000 € folgendermaßen:

$$\text{Prozesskosten (lmi)} = \frac{\text{Gesamtkosten} \times \text{Mannjahre je Teilprozess}}{\text{Summe Mannjahre}}$$

$$\text{Prozesskosten (lmi)} = \frac{72.000 \times 4,0}{9,0} = 32.000$$

Analog zu dieser Vorgehensweise, werden die **leistungsmengenneutralen** Teilprozesse bewertet. Die jeweiligen leistungsmengeninduzierten Prozesskosten sind proportional auf die leistungsmengenneutralen Aktivitäten umzulegen. Für den Teilprozess 2 („Speisen zubereiten") belaufen sich beispielsweise die leistungsneutralen Prozesskosten auf 9.143 €.

$$\text{Prozesskosten (lmn)} = \frac{\text{Gesamtkosten lmn} \times \text{Mannjahre je Teilprozess}}{(\text{Summe Mannjahre} - \text{Mannjahre Verwaltung})}$$

$$\text{Prozesskosten (lmn)} = \frac{16.000 \times 4,0}{7,0} = 9.143$$

Teilprozess	Maßgröße			Prozesskosten			PZK-Satz	
Inhalt	Basis	Menge	MJ	lmi	lmn	Total	lmi	Total
1 Zutaten bereitstellen	Paletten	500	0,7	5.600	1.600	7.200	11,20	14,40
2 Speisen zubereiten	Menüs	2.000	4,0	32.000	9.143	41.143	16,00	20,57
3 Essen ausgeben	Ausgegebene Essen	2.000	0,5	4.000	1.143	5.143	2,00	2,57
4 Kassiervorgang	Kunden	2.000	0,5	4.000	1.143	5.143	2,00	2,57
5 Tabletts einsammeln	Tabletts	2.000	0,3	2.400	686	3.086	1,20	1,54
6 Spülvorgang	Geschirr u.ä.	8.000	1,0	8.000	2.285	10.285	1,00	1,29
7 Allgemeine Verwaltung			2,0		16.000			
Σ			9,0	56.000		72.000		

Legende: PZK = Prozesskosten   Alle Zahlen selektiv
            MJ = Mannjahre   Act. 03/(2014)
            lmi = Leistungsmengeninduziert
            lmn = Leistungsmengenneutral

Abb. 7.3 Prozesskostenrechnung (Beispiel)

Die **totalen Prozesskosten** der Tätigkeit „Speisen zubereiten" betragen folglich 41.143 € (32.000 + 9.143 €). Zur Berechnung der **Prozesskostensätze** einer jeweiligen Aktivität, sind die leistungsmengeninduzierten, wie auch die gesamten Prozesskosten, durch die zugehörigen Mengen zu dividieren. Für die Aktivität „Speisen zubereiten" ergeben sich somit leistungsmengeninduziert 16,00 € pro Durchführung und Zeiteinheit.

$$\text{Prozesskostensatz (lmi)} = \frac{\text{lmi} - \text{Prozesskosten je Teilprozess}}{\text{Menge je Teilprozess}}$$

$$\text{Prozesskostensatz (lmi)} = \frac{32.000}{2.000} = 16,00$$

Entsprechend gestaltet sich die Ermittlung der **gesamten Prozesskostensätze** je Aktivität, indem die totalen Prozesskosten pro Teilprozess durch die Menge pro Aktivität zu teilen sind. Die Tätigkeit „Speisen zubereiten" bindet beispielsweise 20,57 € pro Zeiteinheit. In Abb. 7 3 sind die Prozesskosten und die Prozesskostensätze für sämtliche Aktivitäten der Kostenstelle Betriebsrestaurant wiedergegeben.

Im **Ergebnis** bleibt festzuhalten, dass die zweite Tätigkeit „Speisen zubereiten" die Kosten im Betriebsrestaurant besonders treibt. Der gesamte Prozesskostensatz dieser Aktivität beläuft sich auf 20,57 €. Auch die erste Tätigkeit („Bereitstellung der Zutaten") gestaltet sich sehr kostenintensiv, sie umfasst einen totalen Prozesskostensatz von 14,40 €. Bei näherer Betrachtung überraschen diese hohen Werte beider Aktivitäten nicht: Tendenziell steigen die Prozesskostensätze je Tätigkeit mit ihrer Personalintensität. Ebenso bewirken für die Aktivität „Zutaten bereitstellen" nicht die Mannjahre das schlechte Resultat, sondern die geringe Menge ist das Zünglein an der Waage.

Umgekehrt erweist sich der „Spülvorgang" – mit einem totalen Prozesskostensatz von 1,29 € pro Zeitintervall – als vergleichsweise günstig. Auf den ersten Blick erscheint es wenig sinnvoll, bei dieser Aktivität Kostenverbesserungspotenziale heben zu wollen. Zur **Entscheidung** über das Outsourcing des Betriebsrestaurants sind die vorliegenden Zahlen der Eigenerstellung mit den Angeboten der Dienstleister zu vergleichen. Selbstverständlich können diesbezüglich bloße Kostenfaktoren von strategischen Einflussgrößen ausgehebelt sein.

Wie erwähnt, kann die Fremdvergabe der Bewirtschaftung des Betriebsrestaurants einerseits en bloc erfolgen. Andererseits sind vielleicht nur einzelne Aktivitäten von einer Fremdvergabe betroffen. In diesem Beispiel scheinen die Tätigkeiten „Speisen zubereiten" sowie „Zutaten bereitstellen" besonders von einem Outsourcing bedroht. Sie verschlingen in der Tat vergleichsweise hohe Prozesskostensätze. Allerdings bedeutet dies **nicht automatisch**, dass eine auf externe Bewirtschaftung spezialisierte Organisation (ein „Caterer") diese Leistungen zwingend günstiger anbietet. Somit ergibt sich für Tätigkeiten mit hohen Prozesskostensätzen kein Automatismus für ihre Fremdvergabe.

7.2.3 Kritische Würdigung

Traditionelle Verfahren der Kostenrechnung beziehen sich im Schwerpunkt auf den direkten Bereich. Dabei bleiben kostenstellenübergreifende Aktivitäten, die Verrechnung innerbetrieblicher Leistungen und die Kosten für Neuentwicklungen wenig berücksichtigt. Die Prozesskostenrechnung deckt diese Bereiche ab.

Ein weiterer **Vorteil** der Prozesskostenrechnung besteht in einer Unterstützung des Target Costings: Als vollkostenorientiertes Instrument ausgelegt, umfasst Target Costing nicht nur die Einzel- sondern auch die Gemeinkosten. Durch die Kombination der Prozesskostenrechnung mit dem Zielkostenmanagement, bleiben die Gemeinkosten nicht länger im Nebulösen. Die Prozesskostenrechnung bricht den indirekten Bereich auf und hilft dem Target Costing folglich beim „Kostenkneten".

Der Prozesskostenrechnung ist allerdings das **Problem** einer Proportionalisierung von Fix- und Gemeinkosten inhärent. Sie ist eine Vollkostenrechnung. Originäre fixe und variable Kosten werden vermischt. Dies bedeutet, dass die leistungsmengenneutralen Kosten im Verhältnis zu den leistungsmengeninduzierten Größen **proportional** verrechnet werden. Bezogen auf das obige Beispiel "Catering" wird das Problem dieser Vorgehensweise deutlich. Der lmi-Teilprozess „Speisen zubereiten" erfordert den Personaleinsatz von 4,0 Mannjahren. Die folgende lmi-Tätigkeit „Essen ausgeben" beansprucht lediglich 0,5 Mannjahre. Die leistungsmengeninduzierten Kosten werden „nach bestem Wissen und Gewissen" ermittelt (Verteilung von 56.000 €). Von den Gesamtkosten (72.000 €) sind noch 16.000 € unangetastet. Diese stellen die Personalkosten der verwaltenden beiden Mitarbeiter dar. Inhaltlich völlig unbegründet, werden deren Kosten im gleichen Verhältnis („proportional") zu den lmi-Aktivitäten verrechnet. Bezogen auf die 4,0 Mannjahre zur „Speisenzubereitung" und die 0,5 Mannjahre zur „Essenausgabe" bedeutet dies, dass die zwei administrativen Köpfe acht Mal mehr an verwaltenden Tätigkeiten für die „Speisenzubereitung" erbringen würden, als für die „Ausgabe der Essen".

Bei näherer Betrachtung obigen Beispiels fällt auf, dass sich die Prozesskostenrechnung ausschließlich auf die **Personalkosten** bezieht. Für einen indirekten Bereich – wie Treasury oder Rechtsabteilung – scheint diese Vorgehensweise gerechtfertigt, da auf einer Kostenstelle in diesen Sektoren der Personalkostenanteil teilweise um die 90 % betragen dürfte. Sonstige Kostenartenkosten (wie Energie, Versicherungen oder Miete) sind, verglichen mit den Personalkosten, zu vernachlässigen. Für ein Supply Chain Management ist die Ermittlung von Prozesskostensätzen über die Personalkosten jedoch mit Vorsicht zu genießen. In einer Lieferkette sind neben den Personalanteilen auch Abschreibungen (auf logistische Assets, wie Gebäude oder Förderzeuge) sowie Investitionen in IT von Bedeutung (Sachkosten).

Durch eine Kombination der **Grenzplankostenrechnung** mit der **stufenweisen Fixkostendeckungsrechnung** nach *Agthe* (vgl. Agthe 1959) und nach *Mellerowicz* (vgl. Mellerowicz 1977), kann eine Lösung der Proportionalisierungsproblematik erfolgen. Durch dieses Zusammenspiel erfolgt eine Anpassung an divergierende Problemstellungen, die Kostentransparenz wird somit erhöht. Auch die (relative) **Einzelkostenrechnung** nach *Riebel* (vgl. Riebel 1994) wird als adäquater Ersatz zur Prozesskostenrechnung ins Rennen geführt. Sicherlich besitzt die Kostendifferenzierung bei der Prozesskostenrechnung nicht die gleiche Stringenz, wie die der Einzelkostenrechnung. Doch gestalten sich die Grenzplankostenrechnung, die stufenweise Fixkostendeckungsrechnung und die (relative) Einzelkostenrechnung in ihrer Anwendung arbeitsintensiver als die Prozesskostenrechnung.

7.3 Lifecycle Costing und Total Cost of Ownership

7.3.1 Lifecycle Costing

Die Grundidee des **Lifecycle Costings** beruht darauf, dass neben den eigentlichen Marktlebenszykluskosten auch Vorlauf- und Nachlaufkosten im Kostenmanagement zu berücksichtigen sind. Als Basis dient der *integrierte* Produktlebenszyklus. Bei einem Lifecycle Costing setzen die Aktivitäten zur Reststoffvermeidung bereits in Forschung und Entwicklung ein. Hier stellen Techniker die Weichen für ein späteres Kostenkneten im integrierten Produktlebenszyklus („**80-20-Regel**", vgl. Gliederungspunkt 7.1.4).

▶ In **Lifecycle Costing-Analysen** werden die Kosten über den kompletten Lebensweg eines Produkts betrachtet. Bei einer tradierten Kostenverrechnung hingegen ist lediglich der Marktzyklus relevant. Vorlauf- und Nachlaufkosten werden dabei nicht dem Produkt direkt zugewiesen, sondern als Gemeinkostensätze lediglich „umgelegt". Insbesondere mit der zunehmenden Bedeutung von Vorlauf- und Nachlaufkosten ist dieser traditionelle Weg zu ungenau und wenig befriedigend.

Bei der Lebenszykluskostenrechnung werden die Kosten in spezielle Phasen kategorisiert, um **Trade-off-Beziehungen** aufzuzeigen. Beispielsweise erzeugt die Entwicklung eines umweltverträglichen Produkts in der Marktphase zum Teil höhere Materialkosten. Jedoch wird dadurch später vielfach ein vereinfachtes Recycling möglich, wodurch sich im Lebenszyklus die Nachlaufkosten senken. Beispielsweise sind die Anschaffungskosten einer Energiesparlampe höher als die einer konventionellen Glühlampe. Über den geringeren Stromverbrauch kompensiert sich jedoch zumeist im Zeitablauf der höhere Anschaffungspreis des Energieleuchtmittels (vgl. Horváth 2011, S. 473 ff.).

In einer Lebenszykluskostenrechnung werden unterschiedliche **Investitionen** nach ihrer Wirtschaftlichkeit abgewogen. Dazu sind potenzielle Erträge und Aufwendungen direkt miteinander zu verrechnen. Rasch ist ersichtlich, *ob* und *wann* eine Investition ihren Break-Even erreicht. Die Aufwendungen und die Erträge der Lebenszykluskostenrechnung können in eine Vorlauf- und in eine Nachlaufphase eingeteilt werden.

- **Vorlaufphase** (Entstehungszyklus)
  - Aufwendungen: Marktforschung, Verfahrensentwicklung, Stücklisten- und Arbeitsplanerstellung, Prototyping und Markterschließung.
  - Erträge: Subventionen (Forschungsförderung), Kundenanzahlungen und Lizenzverkäufe.
- **Nachlaufphase** (Entsorgungszyklus/Recyclingzyklus)
  - Aufwendungen: After-Sales-Services, Garantiekosten, Schadensersatzzahlungen, Produktrückrufe, Reklamationen, Ersatzteilhaltung, Reparatur, Rücknahme, direktes Recycling, Stilllegung.
  - Erträge: Kundenvergütungen für Ersatzteile oder Restwerte nicht mehr genutzter Wirtschaftsgüter (zum Beispiel der Verkauf von Excess-Vorräten).

In der Folge wird ein **Beispiel** (vgl. Abb. 7.4) zur Lebenszykluskostenrechnung wiedergegeben. Das Einflusspotenzial innerhalb der Supply Chains erstreckt sich über den kompletten Lebensweg dieses Produkts (hier: 8 Jahre). Das Erzeugnis spielt in seinem Lebensweg Erträge ab seiner dritten Zyklusphase ein. Besonders Cash-trächtig sind das fünfte und sechste Lebensjahr. In den ersten zwei Jahren erwirtschaftet das Produkt einen jeweils negativen Deckungsbeitrag (Vorlaufphase). Kumuliert (YTD, Year to Date) überschreitet das Produkt die Gewinnschwelle im vierten Jahr. Nicht zu vergessen sind die Nachlaufkosten in der siebten und achten Phase für eine Entsorgung. Insgesamt erzielt der Hersteller mit diesem Produkt einen Gewinn von 100.000 € (vgl. in ähnlicher Weise Horváth 2011, S. 475).

Es bleibt festzuhalten, dass die Lebenszykluskostenrechnung innerhalb einer Supply Chain sehr bedeutsame Effekte aufzeigt, indem beispielsweise drohende Nachlaufkosten antizipativ erfasst werden. Natürlich hat Lifecycle Costing dabei ein **Prognoseproblem**: Zukünftige Produktvolumina und Preise sind bei der Kostenverteilung nur grob abzuschätzen. Weiterhin erfolgt die Verrechnung der Verwaltungstätigkeiten proportional. Die **Verwaltungsaufwendungen** für administrative Tätigkeiten erstrecken sich ja nicht ausschließlich auf dieses Produkt

Periode	1	2	3	4	5	6	7	8	Summe
Ertrag (E)									
Verkauf			150	200	300	250	100		1.000
Aufwand (A)									
Herstellung			-75	-100	-150	-125	-50		-500
Entwicklung	-11	-14	-18	-14	-27	-21	-6		-111
Verwaltung	-15	-15	-21	-29	-29	-29	-29	-29	-196
Vertrieb				-20	-14	-18	-14	-8	-74
Entsorgung							-6	-13	-19
Summe (E-A)	-26	-29	36	37	80	57	-5	-50	100
Summe YTD	-26	-55	-19	18	98	155	150	100	100

Legende: Alle Zahlen in Tau send Euro (T€], YTD = Year to Date

Abb. 7.4 Lifecycle Costing (Beispiel)

(Gemeinkosten). Somit werden sie diesem Produkt über einen Verteilungsschlüssel zugerechnet – und diese Festlegung erfolgt subjektiv.

7.3.2 Total Cost of Ownership

Total Cost of Ownership (TCO) wurde Mitte der 80er Jahre von der Beratungsgesellschaft *Gartner* entwickelt (vgl. Kuhn 2007). In der Ursprungsversion zielt der Ansatz auf die Informationstechnologie (IT). Später werden die Überlegungen auf weitere Organisationsbereiche übertragen.

▶ Eine **Total Cost of Ownership-Analyse** ähnelt dem Lifecycle Costing. Während Lifecycle Costing jedoch im Kern auf Investitionen zielt (*Zeitorientierung*), widmet sich TCO vor allem Transaktionskosten (*Prozessfokus*). Der Übergang zwischen beiden Verfahren verläuft fließend. Neben den eigentlichen Anschaffungskosten eines Gutes, werden bei TCO auch dessen *Folgekosten* berücksichtigt. Diese fallen für Betrieb, Schulung, Wartung oder Reparatur eines Sachmittels über seine komplette Nutzungsdauer an.

Die Ermittlung von Total Cost of Ownership steigert die Transparenz in Supply Chains. Für die Unternehmungsführung bietet der Ansatz eine Entscheidungsgrundlage bezüglich der Auswahl homogener Güter. Aus seiner Berechnung schälen sich wesentliche Kostentreiber heraus. Diesbezüglich ist für eine Total Cost of Ownership-Überlegung der *Gartner Group* die Differenzierung zwischen direkten und indirekten Kosten prägend:

- **Direkte Kosten:** Die direkten Kosten sind nach der *Gartner Group* sichtbar („hart messbar" oder budgetierbar). Der IT-gestützte Ansatz differenziert direkte Kosten in die drei Bereiche *Hard- und Software* (Beschaffung und Anwendung von Informationstechnologie), *Operations* (Vergütung der Mitarbeiter für den Betrieb der Systeme) sowie *Administration* (Aufwendungen für Organisation und Verwaltung). Für ein Supply Chain Management resultieren direkte Kosten beispielsweise aus Abschreibungen auf Investitionen, Löhnen und Gehältern, Versicherungen, Zöllen, Verpackungen, Reisekosten oder Beständen (Kapitalbindung).

- **Indirekte Kosten:** Die Ermittlung dieser „weichen" (unsichtbaren) Einflussgrößen bereitet in der Regel Schwierigkeiten. Die *Gartner Group* unterscheidet indirekte Kosten in die beiden Segmente End-User-Operations sowie Downtime. Unter die *End-User-Operations* fallen Wertverluste durch Schulung, Self- sowie Peer-to-Peer-Support (so genannte „Kommunikation unter Gleichen"; in einem Computernetzwerk sind sämtliche Rechner gleich bedeutsam, das Gegenteil stellt eine Client-Server-Lösung dar), Erstellung von Backups oder Futzing (IT-Benutzung für private Zwecke). Mit dem Begriff *„Downtime"* werden Systemausfälle umschrieben. Indirekte Kosten hemmen den Verbraucher in der Nutzung eines Wirtschaftsguts. Die Messung dieser Einflussfaktoren auf Investitionen ist allerdings einer ausgeprägten Subjektivität des Betrachters unterworfen. Unbestritten ist jedoch, dass indirekte Kosten erfolgswirksam sind. Laut *Krcmar* (vgl. Krcmar 2009, S. 191) belaufen sich diese weichen Einflussgrößen auf 23 bis 46 % der gesamten Projektkosten. *Albrecht* beziffert eben jene indirekten Kosten sogar auf bis zu 53 % der Gesamtkosten für IT-Projekte (vgl. Albrecht 2006, S. 85).

Neben der *Gartner Group* haben vor allem *Forrester Research* sowie die *Meta Group* den Ansatz von Total Cost of Ownership protegiert. Das Konzept von **Forrester Research** ist ebenfalls der Informationstechnologie entlehnt. Die beeinflussenden Kostenfaktoren einer Entscheidung setzen sich aus Infrastruktur (Kosten für Hard- und Software), Wartungsverträge, Management, Support, Schulung, Downtime sowie Vorsorge (Katastrophenschutz) zusammen. Die **Meta Group** hingegen transferiert eine Total-Cost-of-Ownership-Analyse in das Gewand von „Real Cost of Ownership" (RCO). Der Ansatz besagt, dass Kosten „belegbar" sind. Sie entsprechen weitgehend den direkten Kosten von *Gartner*. Der Ansatz der *Meta Group* ergänzt diese Größen jedoch um Einflussfaktoren, welche einen Produktivitätsverlust heraufbeschwören. Darunter fallen Kosten für die Aufrechterhaltung von Netzwerken oder die Migration von Anwendern in dieses Netzwerk. Seit geraumer Zeit weitet sich das Konzept von Total Cost of Ownership zum **Total Benefit of Ownership** (TBO). Diese Methode ermittelt den Gesamtprojektnutzen über seinen kompletten Lebensweg. Neben den Kosten, sind auch die Leistungen (Erlöse) von Investitionen zu erfassen. Sämtliche Aktivitäten einer Supply Chain können diesbezüglich in Nutz-, Stütz-, Blind- und Fehlprozesse dekomponiert sein (vgl. Albrecht 2006, S. 85). Nutzprozesse sind durchaus von einem Benefit in Richtung Kunde geprägt. Stütz-, Blind- und Fehlprozessen ist hingegen kaum ein Nutzen inhärent (einseitiger Ressourcenverbrauch). Für ein IT-System erwächst ein möglicher Benefit beispielsweise aus einer künftigen Integrationsmöglichkeit weiterer Applikationen oder Updates in dieses System.

Im Folgenden wird eine Total Cost of Ownership-Analyse für das Supply Chain Management exemplifiziert (vgl. in Auszügen Krokowski 1993, S. 14; Schulte 2013, S. 295). Das **Beispiel** bezieht sich auf die Lieferantenauswahl einer Handelsunternehmung. Der Einkäufer eines Kaufhausbetreibers möchte eine Kaufentscheidung für modische Herbstmäntel (Trenchcoats) treffen (vgl. Abb. 7.5). Sämtliche Kaufhäuser, in welche die Mäntel geliefert werden, befinden sich in Deutschland. Ein erster möglicher Lieferant fertigt seine Trenchcoats in China. Pro Mantel beträgt der Einkaufspreis 40,00 €. Alternativ liegt dem Einkäufer ein zweites Angebot eines deutschen Herstellers von 50,00 € pro Mantel vor. Im Lichte einer Total Cost of Ownership-Analyse wird dieser Einkaufspreis um **Folgekosten pro Mantel** verrechnet (der Einkaufspreis des Mantels wird zu dessen Einstandspreis übergeleitet).

- Zunächst berechnet der Einkäufer die **Frachtkosten** pro Trenchcoat. Diese addieren sich auf 4,50 € für die chinesische Variante (Luftfracht 1,50 € und See-/Landfracht 3,00 €). Wird der Mantel von dem deutschen Hersteller bezogen, fallen Frachtkosten von insgesamt 1,30 € an (diese resultieren ausschließlich aus See-/Landfracht).
- Ferner entstehen für jeden aus China bezogenen Mantel Kosten für die **Verzollung** und die **Versicherung** in Höhe von 3,80 €, wobei der Raubanteil in Zollkosten besteht (3,50 €). Wird der Trenchcoat von dem deutschen Hersteller bezogen, fallen keine Zollkosten an. Die Versicherung kostet pro Mantel 0,25 €.
- Für die Berechnung der **Kapital- und Lagerkosten** sind die Lieferzeit sowie die Transportzeit pro Mantel ausschlaggebend. Es ist angedacht, diese modischen Trenchcoats kurzfristig in witterungsabhängige Special-Sales-Aktivitäten einzubinden. Auf Grund seiner langen Lieferzeit, muss der Mantel des chinesischen

Entscheidungskriterium	Lieferant A	Lieferant B
Einkaufspreis	40,00	50,00
- Luftfracht	1,50	0,00
- Seefracht/Landfracht	3,00	1,30
(A) Frachtkosten Total	4,50	1,30
- Zollkosten	3,50	0,00
- Versicherungen	0,30	0,25
(B) Zollkosten/Versicherungen Total	3,80	0,25
- Lieferzeit in Tagen	90,00	40,00
- Transportzeit in Tagen	25,00	1,00
- Lagerzeit in Tagen	25,00	1,55
(C) Kapitalkosten/Lagerkosten Total	3,30	1,55
- Kosten Dienstleisterauswahl	0,30	0,05
- Kosten Bestellüberwachung	0,23	0,00
- Kommunikationskosten	1,13	0,03
- Qualitätskontrollkosten	0,98	0,00
- Kosten für Büroprovision	1,52	0,00
(D) Sonstige Logistikkosten Total	4,16	0,08
Summe Folgekosten (A + B + C + D)	15,76	3,18
Zwischensumme	**55,76**	**53,18**
Abzug Bonus (2%/5%)	-0,80	-2,50
Endsumme	**54,96**	**50,68**

Legende: Lieferant A kommt aus China, Lieferant B kommt aus Deutschland (in €)

Abb. 7.5 Total Cost of Ownership (Beispiel)

Herstellers voraussichtlich im Durchschnitt 25,0 Tage auf Lager genommen werden. Daraus berechnet der Einkäufer Kapital- und Lagerkosten von 3,30 € pro Mantel (Opportunitätskosten, Lagerkosten und Handlingskosten). Für einen aus Deutschland bezogenen Trenchcoat fallen hingegen nur 1,55 € Kapital- und Lagerkosten pro Mantel an.

- Weiterhin bezieht der Einkäufer **Sonstige Logistikkosten** in seine TCO-Berechnung ein. Diese setzen sich aus Kosten für Auswahl der Dienstleister, Bestellüberwachung, Kommunikation (inklusive Lieferantenbesuchen vor Ort), Qualitätskontrolle und Büroprovision (Betreuung durch einen Agenten im Auslandsbüro) zusammen. In Summe belaufen sich diese Einflussfaktoren für die chinesische Variante pro Trenchcoat auf 4,16 €. Wird der Mantel in Deutschland gefertigt, entstehen lediglich 0,08 € an Sonstigen Kosten pro Trenchcoat.

- In **Addition** ergeben der Einkaufspreis (40,00 €) und die Folgekosten (15,76 €) für einen in China hergestellten Trenchcoat 55,76 €. Für die Mäntel gewährt der Produzent einen Bonus von 2 % auf den Einkaufspreis (0,80 €). Folglich belaufen sich die Gesamtkosten der aus China bezogenen Trenchcoats auf 54,96 €. Der in Deutschland gefertigte Trenchcoat kostet 53,18 € (Einkaufspreis 50,00 € und Folgekosten 3,18 €). Da der deutsche Hersteller einen Bonus von 5 % auf den Einkaufspreis pro Mantel abschlägt, kostet der Trenchcoat insgesamt 50,68 €. In diesem Beispiel „schlägt" ein in Deutschland hergestellter Mantel – trotz des erheblich höheren Einkaufspreises – die „chinesische Alternative" um 4,28 € pro Mantel (vgl. Abb. 7.5). Rein aus Kostensicht, wird der Einkäufer diesen Trenchcoat aus Deutschland beziehen. Es sei allerdings der Hinweis erlaubt, dass in diesem Beispiel ausschließlich direkte Kosten verrechnet wurden. Die Kalkulation könnte sowohl um indirekte Kosten, wie auch um mögliche Total Benefit of Ownership erweitert sein.

Die grundsätzlich Idee von Total Cost of Ownership ist durchaus nachvollziehbar und **vorteilhaft**: Die Bedeutung weicher (nur schwerlich quantifizieren) Kostenkomponenten nicht zu unterschätzen. Dieses antizipative Budgetierungsverständnis schützt davor, etwaige Nachlaufkosten (beispielsweise für Garantie- oder Wartungsfälle) nicht zu unterschätzen. Dadurch wird die Gefahr für das Auftreten von Soft Spots zumindest reduziert. Total Cost of Ownership Betrachtungen haben ihre Stärken in den Prozessanalysen. Dadurch wird frühzeitig der Gefahr begegnet, die Bedeutung von Transaktionskosten zu unterschätzen. In Kombination mit Lifecycle Costing können somit Investitionsentscheidungen substantieller getroffen werden. (wie Standortwahl, Lieferantensektion oder Auslagerungsprojekte).

Ausgestattet als Vollkostenrechnung, hat das Verfahren allerdings **Schwierigkeiten** mit der Verschlüsselung der Gemeinkosten, die anteilig zu den Einzelkosten verrechnet werden. Besonders problematisch ist weiterhin die Leistungsbewertung bei Total Benefit of Ownership-Analysen, da hier zum Teil Soft Facts Einfluss ausüben, die nur schwerlich zu bewerten sind. Daraus resultiert eine gewisse Manipulationsgefahr: Wenn eine Entscheidung im Vorfeld schon weitgehend feststeht und durch eine Total Cost of Ownership- Analyse nur noch „verkauft" werden soll.

Economic Value Added (EVA)

8

▶ Ein weiteres Hilfsmittel der Financial Supply Chain ist der Economic Value Added (EVA, vgl. Bach 2007; Gundel 2011; Hostettler 2002; Hostettler und Stern 2007; Kaminski 2006; Weber und König 2012). EVA wurde Anfang der 90er Jahre von der amerikanischen Consultinggesellschaft *Stern Stewart & Co.* (vgl. Stern et al. 2004) entwickelt und ist die Basis für verwandte Konzepte, wie Economic Profit, Added Value, Market Value Added oder Cash Value Added.

8.1 Messung von Wertsteigerungen über EVA

Der Economic Value Added ist eine Kennzahl, die den *betrieblichen Übergewinn* misst. EVA findet in der **wertsteigernden Unternehmungsführung** Einsatz und aggregiert sich aus Größen der Gewinn- und Verlustrechnung sowie der Bilanz. Die **Basisformel** zur Berechnung des Economic Value Added lautet (vgl. Abb. 8.1):

Das Nettobetriebsergebnis nach Ertragsteuern (**NOPAT**) stammt aus der Gewinn- und Verlustrechnung. Es ergibt sich aus dem operativen Ergebnis einer Unternehmung. Das Fundament zu seiner Berechnung ist der EBIT (Operating Profit). Vom Steueraufwand in der G & V werden alle Steuerminderungen hinzugerechnet und Steuererhöhungen abgezogen.

- Die Komponente **Capital** ist abhängig von Investitionsentscheidungen und stellt das betriebsnotwendige Vermögen dar. Das Capital wird für die Erzielung eines NOPAT benötigt. Im Mittelpunkt steht die Frage: „Welche Positionen sind betriebsnotwendig und ermöglichen die Erwirtschaftung eines operativen Ergebnisses?".

$$EVA = NOPAT\text{-}(Capital \times c^*)$$

Legende:

EVA	= Economic Value Added
NOPAT	= Net Operating Profit After Tax
Capital	= Gebundenes Vermögen
c^*	= Gesamtkapitalkostensatz

Abb. 8.1 Basisformel des Economic Value Added

- Der Gesamtkapitalkostensatz c^* beruht auf Finanzierungsentscheidungen. Er ist die Summe von gewichteten Fremdkapital- und Eigenkapitalkosten zu realen Marktwerten und wird häufig mit den „Weighted Average Cost of Capital" (WACC) gleichgesetzt.

▶ Die Berechnungsformel für den **Economic Value Added** bedeutet, dass die Multiplikation von Capital mit dem Gesamtkapitalkostensatz (c^*) die Finanzierungskosten des betrieblich gebundenen Kapitals ergibt. Die Finanzierungskosten werden vom betrieblichen Gewinn subtrahiert. Das Resultat ist der Economic Value Added.

Wenn die Kennzahl EVA einen **positiven** Wert annimmt, übersteigt das operative Ergebnis die gesamten Finanzierungskosten des betrieblichen Vermögens. Ein **negativer** Economic Value Added bedeutet, dass die Finanzierungskosten nicht durch das Nettobetriebsergebnis nach Steuern gedeckt wurden. Aus der Sicht von Kapitalgebern fand eine Wertvernichtung statt. Die Anteilseigner hätten ihr Kapital in einer anderen Unternehmung, mit ähnlichem Risikoprofil ausgestattet, zu einer höheren Verzinsung anlegen können.

Die Einsatzgebiete von EVA sind die Unternehmungsbewertung, die Erhöhung der Gesamtrendite von Aktionären (Shareholder Value) und seine Verwendung als Anreizsystem. Eine Möglichkeit von EVA als Instrument der wertsteigernden Unternehmungsführung wurde oben beschrieben. Der **Shareholder Value** kann als reine Finanzgröße oder Handlungsmaxime interpretiert werden.

- Verstanden als reine **Finanzgröße**, bedeutet der Shareholder Value eine monistische Ausrichtung auf den ökonomischen Produktivitätszweck. Die Mehrung des Vermögens der Aktionäre wird verfolgt. Der Shareholder Value spiegelt den

Marktwert des Eigenkapitals (*Shareholder-Approach*). Nicht nur in Deutschland wird diese Betrachtungsweise mittlerweile heftig diskutiert und kritisiert.

- Ein Shareholder Value als **Handlungsmaxime** interpretiert, meint eine pluralistisch gesellschaftsorientierte Zielausrichtung. Diese Sichtweise beschreibt den *Stakeholder-Approach*. Ein Stakeholder ist das Mitglied einer Gruppe. Er hat gesellschaftliches Interesse am Fortbestand der Unternehmung. Stakeholder sind Mitarbeiter, Kunden, Lieferanten, Staat, Aktionäre oder Gläubiger.

Wird der Economic Value Added als **Anreizsystem** genutzt, besteht ein direkter Bezug zu dem vom Aktieninvestor angestrebten Handlungsergebnis. Insbesondere bei Führungskräften speist sich das Entlohnungssystem aus Bestandteilen zur Berechnung von EVA: Zum Beispiel aus dem Aktienkurs und dem Return on Equity. In diesen Fällen ist der Economic Value Added seitens der Unternehmungsleitung beeinflussbar. Der Anreiz für das Management besteht darin, dass die Erwirtschaftung eines hohen Finanzergebnisses zur Steigerung der eigenen Entlohnung führt.

8.2 Beispiel für das Supply Chain Management

Zur Forcierung der Wertschöpfung trägt das Supply Chain Management bei. Die wertsteigernden Aktivitäten finden ihren Niederschlag in der Gewinn- und Verlustrechnung. Das zu seiner Erzielung notwendige Vermögen (Maschinen oder Vorräte) entstammt der Supply Chain. Die Korrelation zwischen Economic Value Added und Supply Chain Management zeigt das folgende **Beispiel**.

Eine Zulieferunternehmung fertigt Bremssysteme für die Automobilindustrie. Sie erzielt im Geschäftsjahr 2013 einen EBIT (Operating Profit) von 113,2 T€. Zur Berechnung von EVA muss die Organisation zunächst die Größe **NOPAT** ermitteln. Dazu verrechnet sie das Betriebsergebnis mit ausgewählten Komponenten der Gewinn- und Verlustrechnung (vgl. Abb. 8.2).

Der Automobilzulieferer hat im Geschäftsjahr 2013 ein Nettobetriebsergebnis nach Ertragsteuern von 72,1 T€ erwirtschaftet. Als nächstes berechnet die Unternehmung das **Capital**, welches zur Erzielung des EBIT eingesetzt wurde (vgl. Abb. 8.3).

In diesem Beispiel konnte das betriebsnotwendige Vermögen durch die operative Tätigkeit gedeckt werden. Der Economic Value Added ist positiv, und er beläuft sich auf 11,05 T€. Abbildung 8.4 zeigt diesen Sachverhalt in übersichtlicher Form auf.

(1) Betriebsergebnis	113,2
+ (2) Ausgleich Firmenwert	1,5
+ (3) Erträge aus Joint Ventures	2,0
- (4) Gebühren für Dienste der Muttergesellschaft	(9,2)
+ (5) Zinsen aus Leasing	7,7
+ (6) Zinsen aus Pensionen	3,7
- (7) Ertragsteuern	(46,8)
= (8) Nettoergebnis nach Steuern	72,1

Abb. 8.2 Berechnung des Net Operating Profit After Tax

(1) Aktiva	779,9
+ (2) Liquide Mittel	(21,6)
+ (3) Kurzfristige Verbindlichkeiten	(233,4)
- (4) Leasing aus Anlagen	84,6
= (5) Capital	609,5

Abb. 8.3 Berechnung des Capital

Economic Value Added = NOPAT - (Capital x Kapitalkostensatz)
11,05 = 72,1 - (609,5 x 0,1)

Abb. 8.4 Berechnung des Economic Value Added (Beispiel)

8.3 Kritische Würdigung

Im betrieblichen Übergewinn verschmelzen Größen der Gewinn- und Verlustrechnung sowie der Bilanz. Das Betriebsergebnis wird nicht isoliert betrachtet, weil in die Kalkulation auch das zu seiner Erzielung notwendige Kapital fließt. Ein weiterer **Vorteil** des Economic Value Added ist das breite Anwendungsgebiet der Kennzahl. Als Instrument zur Unternehmungsbewertung, im Shareholder Value und als Anreizsystem, wird EVA unternehmungsintern und netzwerkgerichtet genutzt. Etliche Organisationen verwenden EVA mittlerweile zur Entlohnung ihrer Führungskräfte, weil eine Differenzierung in beeinflussbare (NOPAT und Capital) und kaum disponible (Gesamtkapitalkostensatz) Komponenten vorgenommen wird. Wenn Führungskräfte über eine gemeinsame Spitzenkennzahl anteilig entlohnt werden, bedeutet dies, einer strategischen Stoßrichtung zu folgen. Schließlich können Anleger erkennen, ob sie ihr Kapital sinnvoll investiert haben.

Probleme von EVA ergeben sich daraus, dass Investitionen direkt an EVA zehren (*Cash-out-Syndrom*): Wenn beispielsweise Führungskräfte, deren Entlohnung sich zum Teil aus EVA speist, demnächst in Ruhestand treten, werden sie Investitionen möglicherweise vertagen, da sie dadurch ihren eigenen Bonus schmälern. Weiterhin gereicht obiger Vorteil der gemeinsamen Entlohnung von Führungskräften über eine Spitzenkennzahl auch zum Nachteil der „Trittbrettfahrens": Auch diejenigen Manager, die nur bedingt zur Steigerung von EVA beigetragen haben, profitieren ebenso von der Wertsteigerung, wie die „Spitzenkräfte". Schließlich wird mit EVA ein Absolutwert berechnet. Moderne Controllingansätze, wie Better Budgeting und Beyond Budgeting, fordern relative Zielvorgaben ein.

Handlungsempfehlungen

9

▶ Natürlich lassen sich nur schwerlich allgemeingültige Empfehlungen an
die Ausgestaltung eines Supply Chain Controllings ableiten. In letzter
Konsequenz entscheiden darüber unternehmungsspezifische Kriterien
wie Branchenzugehörigkeit oder Größe.

Dennoch sollte ein Supply Chain Controlling stets nach **Ausgewogenheit** streben,
um Trade-off-Effekte zu vermeiden. Darin sind möglichst sämtliche Wettbewerbsfaktoren zu berücksichtigen: Neben dem klassische Kostenbezug sollten auch
Instrumente zum Einsatz kommen, die ihren Blick primär auf die Schlüsselgrößen
Zeit, Qualität, Agilität und Service richten. Freilich kann eine Betrachtungsweise
im Supply Chain Controlling (temporär) dominieren. Aber mittel- bis langfristig
ist zur Abwehr von Dyssynergien der Untersuchungsbogen eines Supply Chain
Controllings über sämtliche relevanten Schlüsselgrößen zu spannen (vgl. Werner
2011a, S. 606).

Im Gegensatz zum primär intern gerichteten Logistik Controlling, bemisst das
Supply Controlling auch die Verflechtungen einer Organisation mit ihrer Umwelt
(Netzwerkbetrachtung). Zur Bemessung von Wertschöpfungsaktivitäten eignen
sich Kennzahlensysteme. Deren Erweiterung zu **Performance Measurement- Kon-
zepten** ist anzuraten, wenn Kausalzusammenhänge abzubilden sind und auch
„weiche" Faktoren Berücksichtigung finden sollten. Von besonderer Relevanz unter den Performance Measurement-Ansätzen ist die (Supply Chain) Scorecard, weil
sie einem ausgeprägten Pragmatismus geschuldet ist. Mit ihrer Hilfe erfolgt der
Brückenschlag von der Strategieableitung (unter Zuhilfenahme der Strategy Maps)
bis zur Operationalisierung.

Ein Supply Chain Controlling sollte **nicht überfrachtet** sein. Insbesondere für
mittelständische Unternehmungen – aber auch für größere Organisationen – gilt
es, die Anzahl eingesetzter Instrumente zu begrenzen. Ansonsten würde das Sy-

H. Werner, *Kompakt Edition: Supply Chain Controlling*,
DOI 10.1007/978-3-658-05622-3_9, © Springer Fachmedien Wiesbaden 2014

stem intransparent und schlichtweg zu teuer. Schließlich muss ein jedes Glied der Wertschöpfungskette die Kosten zur Einrichtung und Aufrechterhaltung des Supply Chain Controllings selbst schultern. Doch wenn ein Supply Chain Controlling frühzeitig auf drohende Engpässe hinweist und somit beispielsweise die Vermeidung von Stock-outs unterstützt, wird dieses Controlling System, insbesondere in Branchen mit ausgeprägter Kundenbindung und zeitkritischen Abläufen (wie Pharmazie, Chemie oder Automotive), von unschätzbarem Wert sein.

Die Messung **inhaltlich ähnlicher Ziele** ist nicht ratsam. Beispielsweise ist es beim Aufbau eines Supply Chain Controllings wenig ergiebig, die Indikatoren „Cash-to-Cash-Cycle", „Working Capital", „Cash Flow" oder „Liquidität" gleichermaßen in einem Reporting System zu integrieren. Eine dieser Größen ist ausreichend, wenn es um die Bewertung von Finanzüberschüssen geht.

Gerade für **kleine und mittelständische Unternehmungen** gilt, dass es nicht immer die ganz große IT-Lösung sein muss (es sollte nicht „mit Kanonen auf Spatzen geschossen" werden). Die Implementierung von Alert-Systemen mit Echtzeitcharakter (Advanced Planning Applikationen) verschlingt etliche Ressourcen. Vielfach reichen auch zeitversetzt operierende Systeme (Enterprise Resource Planning) aus, um zu dem gewünschten Ergebnis zu gelangen.

Die **organisatorische Einrichtung** eines separaten Supply Chain Controllings scheint insbesondere in größeren Organisationen unabdingbar. Das Geld liegt bekanntlich in der Schnittstelle, nicht selten werden aktuellen Wertschöpfungsnetzen zweistellige Verbesserungspotenziale unterstellt. Von der Implementierung des Supply Chain Controllings erhoffen sich viele Wettbewerber eine nachhaltige Prozessoptimierung, um Ineffizienzen in ihren (zumeist komplexen und komplizierten) Abläufen aufzudecken. Kleinere Unternehmungen verfügen nur selten über ein eigenes Supply Chain Controlling. Seine Funktionen werden, wenn überhaupt, durch das Zentralcontrolling abgedeckt (was in der Regel auch ausreicht).

Der Supply Chain Controller wickelt ein wahres Bündel an Tätigkeiten ab. Er ist der Berater des Managements und zeichnet für die Informationsweitergabe an die Führung verantwortlich. Jedoch sind die **Funktionsbereichsverantwortlichen** in den Planungs-, Steuerungs- und Kontrollprozess eng einzubinden. Beispielsweise ist in letzter Konsequenz der Inventory Manager für das Bestandsmanagement verantwortlich. Er (und nicht der Controller) hat Abweichungen zu erklären und Aktionen zur Verbesserung zu definieren. Die Aufgabe des Supply Chain Controllers ist es, die Informationen aus den Fachdisziplinen zu sammeln und filtriert an das (Supply Chain) Management weiter zu geben.

Panta Rhei: Der aktuelle **betriebswirtschaftliche Wandel** kann über das Supply Chain Controlling gut nachvollzogen werden. Zwar werden auch weiterhin quantitative Indikatoren darin eine prägende Rolle spielen. Doch zukünftig dürften verstärkt qualitative Erfolgsgrößen darin an Bedeutung gewinnen. Das *Beziehungsmanagement* und das *Supply Chain Relationship Management* widmen sich diesen Attributen, so werden dort auch Sozialfaktoren (Vertrauen, Verbundenheit, Kommunikation) erfasst. Auch wenn ihre Messung zum Teil schwierig ist, üben die Indikatoren zumeist signifikanten Einfluss hinsichtlich des Aufbaus, der Erhaltung oder der Auflösung kompletter Netzwerke aus.

Verständnisfragen

10

- Was ist das Neue am Supply Chain Management (im Gegensatz zur traditionellen Logistik)? Beziehen Sie sich in Ihrer Antwort auf das Order-to-Payment-S.
- Supply Chain Controlling: Klären Sie zunächst den Begriff. Benennen Sie anschließend prägende Ziele und Kernaufgaben.
- Begründen Sie die Notwendigkeit zur Bestandsreduzierung aus betriebswirtschaftlicher Sicht. Gehen Sie dabei auf den Weighted Average Cost of Capital (WACC) ein.
- Nennen und definieren Sie fünf „Königskennzahlen" der Supply Chain. Begründen Sie, warum Sie gerade diese Indikatoren ausgewählt haben.
- Was verstehen Sie unter einem „Key Performance-Indikator"? Listen Sie Gemeinsamkeiten und Unterschiede zwischen einem KPI und klassischen Kennzahlen auf.
- Entwerfen Sie eine Tabelle, in der Sie anhand von Unterscheidungsmerkmalen auf die Unterschiede zwischen einem tradierten Kennzahlenmanagement und einem Performance Measurement eingehen.
- Entwerfen Sie eine Supply Chain Scorecard. Begründen Sie kurz die Auswahl Ihrer Perspektiven. Pro Dimension leiten Sie anschließend drei strategische Ziele ab, die Sie mit spezifischen Supply Chain-Kennzahlen bewerten.
- Forecast Accuracy: Definieren Sie diese Kennzahl. Welche Aktivitäten können zur Verbesserung der Forecast Accuracy führen? Beschwören Sie durch die Einleitung dieser Maßnahmen möglicherweise Dyssynergien herauf?
- Entwerfen Sie einen Werttreiberbaum mit dem Wurzelknoten Return on Capital Employed. Nennen Sie mögliche Stellhebel zur Verbesserung der Spitzenkennzahl ROCE. Beschreiben Sie diesbezüglich das Phänomen möglicher Trade-off-Situationen anhand eines konkreten Beispiels.

H. Werner, *Kompakt Edition: Supply Chain Controlling*,
DOI 10.1007/978-3-658-05622-3_10, © Springer Fachmedien Wiesbaden 2014

- Was verstehen Sie unter einem Cost Tracking? Entwerfen Sie ein Formblatt für ein Cost Tracking der Frachtkosten. Gehen Sie in diesem Kontext auf die Relativierung von Zielvorgaben ein.
- Kennzeichen Sie die Grundlagen der Hard-(Soft)-Analyse. Warum wird dieses Instrument des Supply Chain Controllings auch als „P-3-Analyse" bezeichnet?
- Was verstehen Sie unter einem Working Capital? Interpretieren Sie den Anstieg dieser Kennzahl um 10 % innerhalb des Betrachtungszeitraums eines Jahres. Definieren Sie anschließend den Cash-to-Cash-Cycle. Welche Maßnahmen schlagen Sie vor, um die Cash-to-Cash-Cycle-Time zu verkürzen?
- Target Costing in der Supply Chain: Kennzeichen Sie zunächst den Target Costing Prozess anhand eines Beispiels. Gehen Sie dabei auf die Funktionen-Komponenten-Matrix und das Zielkostenkontrolldiagramm ein. Welchen Nutzen und welche Gefahren messen Sie dem Supply Chain Costing bei?
- Beschreiben Sie anhand eines Beispiels der Produktionslogistik die Grundidee der Prozesskostenrechnung. Wie berechnen sich Prozesskostensätze? Entwerfen Sie eine Tabelle, in der Sie Vorteile und Nachteile der Prozesskostenrechnung gegenüberstellen.
- Worin bestehen die Gemeinsamkeiten und die Unterschiede zwischen Lifecycle Costing und Total Cost of Ownership? Welches Verfahren setzen Sie zur Berechnung von Supply Chain-Investitionen ein?
- Transaktionskosten in der Supply Chain: Klären Sie den Begriff und gehen Sie auf die Bedeutung von Transaktionskosten in modernen Wertschöpfungsnetzwerken ein. Welche Stellhebel zur Reduzierung von Supply Chain-Transaktionskosten kennen Sie?
- Diskutieren Sie das Für und das Wider der Kennzahl Economic Value Added (EVA) als betriebliches Anreizsystem. Benennen Sie Möglichkeiten innerhalb des Supply Chain Managements zur Verbesserung der Kennzahl EVA.

Glossar

Balanced Scorecard (BSC) Ansatz des Performance Measurements. Weiterentwicklung der Performance Pyramid. Ausgewogenes Kausalkonzept zur Strategieableitung. Basis: Vision und Mission der Organisation. Bewertung der Zielerreichung über Kennzahlen pro Perspektive.

Benchmarking Weiterentwicklung des Betriebsvergleichs. Systematischer Bewertungsprozess mit Orientierung an Best Practices. Interner, wettbewerbsbezogener oder branchenübergreifender (funktionaler) Leistungsvergleich von Prozessen und Teilprozessen.

Bullwhip-Effekt Weiterentwicklung der Forrester-Aufschaukelung. Peitschenschlageffekt, durch stufenweise Aggregation der Bestände auf Grund von Dissonanzen zwischen Angebot und Nachfrage.

Business Performance Indicator (BPI) Sachlogische und geschäftsbereichsbezogene Verdichtung einzelner Process Performance Indicators zu Spitzenkennzahlen.

Cash-to-Cash-Cycle Synonym Liquiditätskreislauf. Days Payables Outstanding plus Days on Hand abzüglich Days Receivables Outstanding. Indikator des Working Capital Managements.

Cost-Charge-Back Automatische Rückbelastung von Kosten auf Grund qualitativer, quantitativer oder zeitlicher Lieferdefizite. Ziel: Vermeidung von Opportunitätskosten.

Cost Tracking Spezielles Überwachungssystem zum Aufzeigen der jeweiligen Erfolgswirksamkeit von Supply Chain-Aktivitäten. Besondere Ausprägungsform einer Abweichungsanalyse.

Cross Docking Teilgebiet von Efficient Consumer Response. Filialgerechte Kommissionierung in Zentrallagerstätten (Transshipment-Point).

H. Werner, *Kompakt Edition: Supply Chain Controlling*,
DOI 10.1007/978-3-658-05622-3, © Springer Fachmedien Wiesbaden 2014

Design-to-Cost (DTC) Historischer Vorläufer des Target Costings. Einsatz zumeist im B2A-Segment. Zielkosten leiten sich aus enger Kooperation zwischen Auftraggeber und Auftragnehmer ab.

Digital Links Moderne Wertschöpfungskennzahl. Anzahl gemeinsam genutzter (Informations- und Kommunikations-) Systeme unterschiedlicher Akteure innerhalb einer Supply Chain.

Disputes Klärung strittiger Forderungen und Einbringen von Verzugsforderungen. Entstehen in der Supply Chain beispielsweise durch beschädigte Ladungsträger.

Durchlaufzeit Synonym Fristzeit genannt. Zeitraum vom Auftragseingang bis zur finalen Kundenauslieferung (Total Cycle Time).

Economic Value Added (EVA) Absolute Kennzahl des Wertsteigerungsmanagements, durch Berechnung des Residualgewinns. Einsatz auch für Shareholder Value und Führungskräfteentlohnung (Anreizsystem).

Erfolgskorridor Dreidimensionaler Raum der Leistungsbewertung im Performance Measurement mit den Erfolgskomponenten Effektivität, Effizienz und Agilität.

Excess-Waren Zum Teil ungängige Waren. Wertberichtigung bis maximal 50 %.

Fertigungstiefe Kennzahl. Anteil der Eigenfertigung am erzielten Umsatz im Produktionsbereich. Indikator für den Grad des Outsourcings.

Forecast Accuracy Synonym „Absatzprognosegenauigkeit". Spitzenkennzahl in der Supply Chain. Indikator interner und externer Abstimmungsprozesse.

Hard-(Soft)-Analyse Abweichungsanalyse. Überleitung von Umsatz, EBIT und Jahresüberschuss. Synonym P-3-Analyse.

Inventory Reserve Wertberichtigung von Beständen auf Grund von Ungängigkeit.

Kanban Pullkonzept (Holkonzept). Bestandssenkungsinstrument durch Bildung vermaschter, selbst steuernder, dezentralisierter Regelkreise.

Kennzahl Maßgröße zur schnellen und zielgerichteten Abbildung betriebswirtschaftlicher Abläufe in einem primär quantitativen Gesamtkontext.

Kennzahlenradar Spinnenbild. Instrument zur Aufdeckung von Soll-Ist-Abweichungen.

Kennzahlensystem Systematische Abbildung mathematischer oder sachlogischer Abhängigkeiten. Verdichtung auf einen Spitzenwert (Wurzelknoten). In Performance Measurement Systemen erweitert zu Werttreiberbäumen.

Key Performance Indicator (KPI) Spitzenkennzahl der Supply Chain. Messung von Financials und Non Financials. Abgeleitet aus Performance Measurement. Effektivitäts-, Effizienz- und Agilitätssteigerung.

Lagerumschlagshäufigkeit Kennzahl. Synonym „Turn Rate". Misst die Anzahl an Lagerumschlägen pro Jahr. Reziprok der vergangenheitsbezogenen Lagerreichweite.

Lifecycle Costing Lebenszykluskostenrechnung. Vollkostenrechnung, Teilgebiet des strategischen Kostenmanagements. Explizite Berücksichtigung der Vorlaufphase und Nachlaufphase.

Lieferservicegrad (LSG) Spitzenkennzahl der Supply Chain. Prozentsatz termin-, mengen- oder qualitätsgerechter Bestellpositionen.

Logistik Primär physischer Material- und Warenfluss zur Raum- sowie Zeitüberbrückung. Grundausprägungen sind Beschaffungs-, Produktions- und Distributionslogistik.

Logistikkette Verknüpfung tradierter physischer Logistikaktivitäten zur Raum- und Zeitüberbrückung zwischen Wertschöpfungspartnern.

Magisches Supply Chain-Dreieck Synonym Strategisches Dreieck. Simultane Abwägung zwischen Maximierung der Prozesseffizienz, Minimierung der Kapitalbindung und Maximierung des Kundennutzens. Möglichkeit zur Erweiterung zum Viereck durch Berücksichtigung der Flexibilität.

Market-into-Company Hauptvariante des Target Costings auf Basis des Market-Based-View. Ableitung von Zielkosten aus dem Markt. Intensive Einbindung von Kunden und Lieferanten.

Mass Customization Hybride (gemischte) Wettbewerbsstrategie. Kundenindividuelle Massenfertigung durch gemischtes Push-Pull-Prinzip. Kombinierbar mit Postponement-Strategien. Berücksichtigung der Kostenaufwuchskurve.

Maverick-Buying Wilder, unkontrollierter Einkauf, vorbei an Rahmenverträgen. Insbesondere B- und C-Teile sind betroffen. Durchschnittliche Steigerung der Einkaufskosten um ca. 30 %.

Multiple User Warehouse Gemeinsame Nutzung eines Transshipment-Points durch mehrere rechtlich selbständige Partner. Cost Sharing der Logistikkosten über Prozesskostensätze oder genutzte Flächeneinheiten.

Obsolete Waren Völlig ungängige Waren. Wertberichtigung bis maximal 95 %.

Offshoring Geografische Verlagerung von Aktivitäten primär ins Ausland an Tochtergesellschaften (Interner Offshore) oder rechtlich selbständige Partner (Offshore Outsourcing).

Order Fulfillment Leadtime Kennzahl (Liefervorlaufzeit). Misst die Zeitspanne aller Tätigkeiten, die bis zur kompletten Auftragsbearbeitung notwendig sind.

Order-to-Payment-S Stufenförmiger Ablauf des Supply Chain Managements. Reicht vom Kundenauftrag (Order) bis zur Bezahlung (Payment). Strenge Pullorientierung, Vermeidung von Opportunitätskosten.

Performance Management Weiterentwicklung des Performance Measurements. Systematische, mehrdimensionale und gesamtsystembezogene Erfolgssteuerung und Leistungsbewertung von Leistungsebenen, mit dem Ziel fortwährender Erfolgssteigerung.

Performance Measurement Ableitung von Kausalzusammenhängen. Bewertung der Unternehmungseffektivität und Unternehmungseffizienz. Messung über monetäre und nicht monetäre Spitzenkennzahlen.

Performance Measurement Matrix Performance Measurement-Konzept. Aufspannen eines zweidimensionalen Erfolgsrahmens, in dem gemessen wird, wie die anvisierten Primärziele der Organisation mit den zur Verfügung stehenden Erfolgsbündeln erbracht werden konnten.

Performance Pyramid Performance Measurement-Konzept. Ableitung sachlogischer Kausalzusammenhänge über das Triumvirat Kunden, Anteilseigner und Mitarbeiter. Vorläufer der Balanced Scorecard.

Postponement Bewusste Verzögerung von Supply-Chain-Aktivitäten. Fertigung unter der Berücksichtigung der Kostenaufwuchskurve.

Process Performance Indicator (PPI) Sachlogische Aggregation einzelner Key Performance Indicators.

Prozesskostenrechnung Teilgebiet des Strategischen Kostenmanagements. Steigerung der Kostentransparenz in indirekten Bereichen durch Identifizierung von Kostentreibern. Senkung von Gemeinkosten. Instrument des strategischen Kostenmanagements.

Quantum Performance Measurement System der Leistungsbewertung im Performance Measurement. Ausrichtung auf die erfolgsrelevanten Zielgrößen Kosten, Zeit und Qualität in Wert- und Servicerelationen.

Reichweite der Bestände Kennzahl. Synonym „Inventory Days of Supply" (Eindeckzeit). Messung der Kapitalbindung. Reziprok zur Lagerumschlagshäufigkeit.

Return on Capital Employed (ROCE) Spitzenkennzahl der Supply Chain. Misst die Kapitalrendite. Relation zwischen EBIT und eingesetztem Kapital.

Radio Frequency Identification (RFID) Kontaktlose, elektronische Objektidentifizierung. Bestehend aus Rechner, Leseeinheit sowie Transponder (Tag). Identifikationstechnik. Einsatz in Tracking and Tracing- Systemen.

Rolling Forecast Periodenübergreifende Planung mit starrer Fristigkeit (fünf bis acht Quartale) auf Basis stets aktueller Informationen.

Squeeze-in-Time Wertschöpfungskennzahl. Bemisst die Zeitspanne, die von der Einsteuerung bis zur vollständigen Integration neuer Supply Chain-Akteure verstreicht.

Strategy Map Strategiekarte auf Basis der Balanced Scorecard („Strategischer Schlachtplan"). Mit Scorecard kombinierbar. Visualisierungsmöglichkeit der strategischen Stoßrichtung.

Supply Chain Controlling Systematische und zweckgerichtete Planung, Steuerung sowie Kontrolle der Supply Chain-Aktivitäten. Führungsunterstützung des Managements durch Informationsversorgung. Fokus auf fortwährende Prozessverbesserung.

Supply Chain Management (SCM) Interne und netzgerichtete integrierte Aktivitäten von Versorgung, Entsorgung (Recycling) und After-Sales, inklusive begleitende und gleich gewichtete Geld- und Informationsflüsse.

Supply Chain Operations Reference Model (SCOR) Prozessreferenzmodell zur Standardisierung und Strukturierung von Kernprozessen innerhalb der Supply Chain. Messung über ausgewählte Supply Chain-Kennzahlen.

Supply Chain Scorecard Scorecard unter besonderer Berücksichtigung von Supply Chain-Anforderungen (Finanzen, Kunden, Prozesse, Lieferanten, Integration).

Target Costing Zielkostenmanagement. Instrument der frühen Phasen, ausgestattet als Vollkostenrechnung. Hilfsmittel des strategischen Kostenmanagements. Hauptvariante: Market-into-Company.

Total Benefit of Ownership (TBO) Pendant zu TCO. Ermittlung des Gesamtnutzens über den kompletten Lebenszyklus der Supply Chain-Aktivitäten. Zusatzerträge auf Grund von Folgeaufträgen oder Reifeprozessen.

Total Cost of Ownership (TCO) Vollkostenrechnung. Berücksichtigung von Anschaffungs- und Folgekosten über kompletten Produktlebensweg. Der Schwerpunkt liegt auf den Transaktionskosten.

Transaktionskosten Kosten, die bei Objektwechsel in neuen Wirkungskreis anfallen. Unterscheidbar in ex-ante- und ex-post Betrachtung, häufig in Form von Informations- und Kommunikationskosten.

Upside Production Flexibility Kennzahl zur Messung der Produktionssteigerungsflexibilität. Zeit in Tagen, um auf einen ungeplanten Nachfrageschub von 20 % zu reagieren.

Vendor Managed Inventory (VMI) Herstellergesteuerte Bestandsführung. Logistisches Kernelement von ECR. Abgeleitet aus Continuous Replenishment.

Wertschöpfungskette Berücksichtigung sämtlicher Faktoren zur Wertsteigerung und Wertvernichtung. Historischer Vorläufer des Supply Chain Managements.

Werttreiberbaum Analytische oder sachlogische Verknüpfung von Kennzahlen in betriebswirtschaftlichen Gesamtsystemen. Spitzenkennzahl ist ein Wurzelknoten.

Working Capital Kennzahl. Liquiditätsbestimmung durch Umlaufvermögen (Liquidierbar kleiner ein Jahr), abzüglich kurzfristiger Verbindlichkeiten.

Literatur

Aghte, K.: Stufenweise Fixkostendeckungsrechnung im System des Direct Costing. Zeitschrift für Betriebswirtschaft 03/(1959), 404–418 (1959)

Albrecht, W.: Im Spannungsfeld zwischen Kosten und Nutzen. Total Cost of Ownership im Warehouse Management. Fördern und Heben 05/(2006), 84–85 (2006)

Bach, D.: Das Instrument des Economic Value Added. Implementierungen und Bewertungen. VDM, Saarbrücken (2007)

Balzer, B., Zirkler, B.: Time-driven activity based costing. Entwicklung, Methodik, Anwendungsfelder. VDM, Saarbrücken (2007)

Brewer, P.C., Speh, T.W.: Using the balanced scorecard to measure supply chain performance. J. Bus. Logist. 01/2000, 75–93 (2000)

Brewer, P.C., Speh, T.W.: Adapting the balanced scorecard to supply chain management. Supply Chain Manag. Rev. 03–04/2001, 48–56 (2001)

Cohen, S., Roussel, J.: Strategisches Supply Chain Management. Springer, Heidelberg (2006)

Cooper, M.C., Lambert, D.M., Pagh, J.D.: Supply chain management: more than a new name for logistics. Int. J. Logist. Manag. 01/1997, 1–14 (1997)

Cross, K.F., Lynch, R.L.: Measure up! How to Measure Corporate Performance. Wiley, Cambridge (1998)

Czenskowsky, T., Piontek, J.: Logistikcontrolling. Marktorientiertes Controlling der Logistik und der Supply Chain, 2. Aufl. Deutscher Betriebswirte-Verlag, Gernsbach (2012).

Deyhle, A.: Kennzahlen-Darstellung mit Bildern. In: Biel, A., Deyhle, A. (Hrsg.) Controlling mit Kennzahlen, S. 94–108. Vahlen, München (2003)

Dinger, H.: Target Costing. Praktische Anwendung in der Produktentwicklung, Fachbuchverlag Leipzig im Carl Hanser Verlag, München (2002)

Eitelwein, O., Wohlthat, A.: Steuerung des Working Capital im Supply Chain Management über die Cash-to-Cash-Cycle Time. Zeitschrift für Controlling und Management 06/2005, 416–425 (2005)

Erdmann, M-K.: Supply Chain Performance Measurement, Operative und strategische Management- und Controlling-Ansätze. Eul, Lohmar (2007)

Eßig, M., Hofmann, E., Stölzle, W.: Supply Chain Management. Vahlen, München (2013)

Gleich, R.: Performance Measurement. Konzepte, Fallstudien und Grundschema für die Praxis, 2. Aufl. Vahlen, München (2011)

Gunasekaran, A.: Agile Manufacturing: The 21st Century Competitive Strategy. Elsevier, Amsterdam (2001)

H. Werner, *Kompakt Edition: Supply Chain Controlling*,
DOI 10.1007/978-3-658-05622-3, © Springer Fachmedien Wiesbaden 2014

Gundel, T.: Der Economic Value Added als Steuerungs- und Bewertungsinstrument. Gabler, Wiesbaden (2011)

Heesen, B.: Cash- und Liquiditätsmanagement. Gabler, Wiesbaden (2012)

Hofmann, N., Sasse, A., Hauser, M., Balzer, B.: Investitions-, Finanz- und Working Capital Management als Stellhebel zur Steigerung der Kosteneffizienz. Controlling 03/2007, 153–163 (2007)

Horváth, P: Controlling, 12. Aufl. Vahlen, München (2011)

Horváth, P., Kaplan, R.E., Norton, D.P., Mende, M.: Balanced Scorecard. Unternehmen erfolgreich steuern. Die Scorecard verstehen, die Scorecard optimieren. Schäffer Poeschel Verlag, Hamburg (2004)

Horváth, P., Gaiser, B., Vogelsang, P: Quo vadis Balanced Scorecard? Implementierungserfahrungen und Anregungen zur Weiterentwicklung. In: Hahn, D., Taylor, B. (Hrsg.) Strategische Unternehmungsplanung – Strategische Unternehmungsführung, S. 151–171. Springer, Berlin (2006)

Hostettler, S.: Economic Value Added (EVA). Darstellung und Anwendung auf Schweizer Aktiengesellschaften, 5. Aufl. Haupt, Bern (2002)

Hostettler, S., Stern, H.J.: Das Value Cockpit. Sieben Schritte zur wertorientierten Führung für Entscheidungsträger, 2. Aufl. Wiley-VCH, Weinheim (2007)

Joos-Sachse, T.: Controlling, Kostenrechnung und Kostenmanagement. Grundlagen, Instrumente und neue Ansätze, 4. Aufl. Gabler, Wiesbaden (2006)

Kaminski, T.: Economic Value Added. Konzept, Analyse, Einsatzmöglichkeiten und Vergleich. VDM, Saarbrücken (2006)

Kaplan, R.S., Anderson, S.R.: Time-Driven Activity-Based Costing. New York (2007)

Kaplan, R.S., Norton, D.P.: Balanced Scorecard. Strategien erfolgreich umsetzen. Schäffer Poeschel Verlag, Stuttgart (1997)

Kaplan, R.S., Norton, D.P.: Having trouble with your strategy? Then map it. Harvard Bus. Rev. 09–10/(2000), 167–176 (2000)

Kaplan, R.S., Norton, D.P.: Die Strategiefokussierte Organisation, Führen mit der Balanced Scorecard. Schäffer-Poeschel, Stuttgart (2001a)

Kaplan, R.S., Norton, D.P.: Wie Sie die Geschäftsstrategie den Mitarbeitern verständlich machen. Harvard Business Manager 02/2001, 60–70 (2001b)

Kaplan, R.S, Norton, D.P.: Strategy Maps. Der Weg von immateriellen Werten zum materiellen Erfolg. Schäffer Poeschel Verlag, Stuttgart (2004a)

Kaplan, R.S., Norton, D.P.: In Search of Excellence – Der Maßstab muss neu definiert werden. Harvard Business Manager 10/(2004), 146–156 (2004b)

Kaplan, R.S., Norton, D.P.: Alignment. Mit der Balanced Scorecard Synergien schaffen. Schäffer Poeschel Verlag, Stuttgart (2006)

Klaus, P., Krieger, W. (Hrsg.): Gabler Lexikon Logistik. 5. Aufl. Gabler, Wiesbaden (2012)

Klepzig, H.-J.: Working Capital und Cash Flow. Finanzströme durch Prozessmanagement optimieren, 2. Aufl. Gabler, Wiesbaden (2010)

Krcmar, H.: Informationsmanagement, 5. Aufl. Springer, Berlin (2009)

Kremin-Buch, B.: Strategisches Kostenmanagement. Grundlagen und moderne Instrumente, 5. Aufl. Gabler, Wiesbaden (2012)

Krokowski, W.: Total Cost of Ownership (ToCo). Ein unterstützendes Instrument zur Lieferantenauswahl im Bereich der Beschaffungslogistik. RKW-Handbuch Logistik, 01/(1993), Artikel 5070 (1993)

Krüger, G.H.: Mit Kennzahlen Unternehmen steuern. Spezifische Bereichskennzahlen, Kennzahlensysteme, Branchen-Benchmarks. NWB, Herne (2011)

Kuhn, P.: Analyse und Darstellung des Total Cost of Ownership Ansatzes. Grin Verlag Gmbh, Ravensburg (2007)

Lewe, N.O., Schneider, K.-J.: Kennzahlen für die Unternehmenspraxis. Lexika, Würzburg (2004)

Losbichler, H., Rothböck, M.: Der Cash-to-Cash-Cycle als Werttreiber im SCM – Ergebnisse einer europäischen Studie. Zeitschrift für Controlling und Management 01/(2008), 47–57 (2008)

Mellerowicz, K.: Neuzeitliche Kalkulationsverfahren, 6. Aufl. Haufe, Freiburg (1977)

Meyer, C.: Betriebswirtschaftliche Kennzahlen und Kennzahlen-Systeme, 6. Aufl. Wissenschaft & Praxis, Frankfurt (2011)

Meyer, C.A.: Working Capital und Unternehmenswert. Eine Analyse zum Management der Forderungen und Verbindlichkeiten aus Lieferungen und Leistungen, 2. Aufl. Deutscher Universitätsverlag, Wiesbaden (2012)

Miller, J.G., Vollmann, T.E.: The hidden factory. Harvard Bus. Rev. 09–10/(1985), 142–150 (1985)

Ossola-Haring, C.: Das große Handbuch Kennzahlen zur Unternehmensführung, 3. Aufl. München (2006)

Porter, M.E.: Creating tomorrow's advantages. In: Hahn, D., Taylor, B. (Hrsg.) Strategische Unternehmungsplanung – Strategische Unternehmungsführung. Stand und Entwicklungstendenzen, Springer Verlag Berlin et al., S. 267–274 (2006)

Porter, M.E.: Wettbewerbsstrategie – Methoden zur Analyse von Branchen und Konkurrenten, 11. Aufl. Campus, Frankfurt (2008)

Porter, M.E.: Wettbewerbsvorteile – Spitzenleistungen erreichen und behaupten, 7. Aufl. Campus, Hanser Verlag, Frankfurt (2010)

Preißner, A. Balanced Scorecard anwenden. Kennzahlengestützte Unternehmenssteuerung, 4. Aufl. Köln (2011):

Probst, H.J.: Kennzahlen: Richtig anwenden und interpretieren. Redline, Berlin (2012)

Rappaport, A.: Shareholder Value. Ein Handbuch für Manager und Investoren. Schäffer-Poeschel, Stuttgart (1999)

Rauhut, S.: Prozesskostenrechnung in der Logistik. Theoretische Grundlagen und praktische Anwendung in der Industrie. VDM, München (2010)

Reichmann, T.: Controlling mit Kennzahlen und Managementtools, 8. Aufl. Vahlen, München (2011)

Reinecke, S., Siegwart, H., Sander, S.: Kennzahlen für die Unternehmensführung, 7. Aufl. Haupt, Bern (2009)

Remer, D.: Prozesskostenrechnung. Grundlagen. Methodik, Einführung und Anwendung der verursachungsgerechten Gemeinkostenzurechnung, 2. Aufl. Grin Verlag, Stuttgart (2005)

Richert, J.: Performance Measurement in Supply Chains. Balanced Scorecard in Wertschöpfungsnetzwerken. Gabler, Wiesbaden (2006)

Riebel, P.: Einzelkosten- und Deckungsbeitragsrechnung, 7. Aufl. Gabler, Wiesbaden (1994)

Schneider, C.: Controlling für Logistikdienstleister, 2. Aufl. DVV, Hamburg (2013)

Schulte, C.: Logistik. Wege zur Optimierung der Supply Chain, 6. Aufl. München 2012. (2013)

Schulte, G.: Material- und Logistikmanagement, 2. Aufl. Oldenbourg, München (2001)

Schulte-Henke, C.: Kundenorientiertes Target Costing und Zulieferintegration für komplexe Produkte: Entwicklung eines Konzepts für die Automobilindustrie. Gabler, Wiesbaden (2012)

Seidenschwarz, W.: Target Costing. Marktorientiertes Zielkostenmanagement, 2. Aufl. Vahlen, München (2011)

Siegwart, H.: Kennzahlen für die Unternehmensführung, 6. Aufl. Haupt, Bern (2002)

Speckbacher, G.: Performance Management. Kennzahlenbasierte Erfolgssteuerung. Seminarunterlage Universität Wien. Institut für Unternehmensführung, Wien (2005)

Speckbacher, G, Neumann, K., Iro, A.: Performance Management im kundenorientierten Unternehmen. Seminarunterlage Universität Wien. Institut für Unternehmensführung, Wien (2004)

Spinnrock, M.: Von der Balanced Scorecard zur Strategy Map. Unter der besonderen Berücksichtigung der Implementierung einer Werksscorecard. Am Beispiel des Unternehmens HP Pelzer k. s. Zatec (Tschechien). Diplomarbeit, Hochschule RheinMain, Wiesbaden Business School, Wiesbaden (2006)

Stern, J.M., Shiely, J.S., Ross, I.: The EVA Challenge. Implementing Value Added Change in an Organization. Wiley, New York (2004)

Stollenwerk, A.: Wertschöpfungsmanagement im Einkauf. Analysen, Strategien, Methoden, Kennzahlen. Gabler, Wiesbaden 2011. (2012)

Stölzle, W., Schmitt-Graf, C.: Supply Chain Controlling in Theorie und Praxis. Aktuelle Konzepte und Unternehmensbeispiels. Springer, Wiesbaden (2003)

Stölzle, W., Heusler, K. F., Karrer, M.: Die Integration der Balanced Scorecard in das Supply-Chain-Management-Konzept (BSCM). Logistik Management 02–03/(2001), 75–85 (2001)

Strigl, R., Colsmann, J., Sesterhenn, A., Röder, B., Wertz, B., Blum, H.: Kennzahlenkataloge. In: Lukczak, H., Weber, J., Wiendahl, H.-P. (Hrsg.) Wertorientierte Supply Chain Management, S. 143–185. Springer, Wiesbaden (2004)

Ueberall, V.: Möglichkeiten und Grenzen der Erfolgsmessung im Supply Chain Management (SCM). Diplomarbeit, Hochschule RheinMain, Wiesbaden Business School, Wiesbaden (2006)

Ulbrich, P., Schmuck, M., Jäde, L.: Working Capital Management in der Automobilindustrie. Eine Betrachtung der Schnittstelle zwischen OEM und Zulieferer. Zeitschrift für Controlling und Management 01/(2008), 24–29 (2008)

Usadel, J.: Target Costing für TV-Produktionsunternehmen, Arbeitspapier des Instituts für Rundfunkökonomie der Universität zu Köln. Köln (2002)

von Haaren, B.: Konzeption, Modellierung und Simulation eines Supply-Chain-Risikomanagements. Dortmund (2008)

Wäscher, D.: Working Capital Management. Controller Magazin 02/(2005), 118–124 (2005)

Weber, J., König, A.: Wertorientierte Unternehmenssteuerung. Konzepte, Implementierung, Praxisstatements. Gabler, Wiesbaden (2012)

Weber, J., Wallenburg, C.M.: Logistik- und Supply Chain Controlling, 6. Aufl. Schäffer-Poeschel, Stuttgart (2010)

Weber, J., Eitelwein, O., Wohlthat, A.: Cash-to-Cash-Cycle als Instrument zur Steuerung des Working Capital im Supply Chain Management. Jahrbuch Logistik 2007, S. 110–114 (2007)

Werner, H.: Marktorientierte versus ressourcenorientierte Produktentwicklung. IO Management Zeitschrift 11/(1996), 23–27 (1996)

Werner, H.: Strategisches Forschungs- und Entwicklungs-Controlling. Deutscher Universitäts-Verlag, Wiesbaden (1997a)

Werner, H.: Verfahren und Ziele des Beständecontrollings. Beschaffung Aktuell 10/(1997), 34–39 (1997b)

Werner, H.: Innovationsinstrumente im strategischen F & E-Controlling. Controller Magazin 03/(1997), 150–155 (1997c)

Werner, H.: Monitoringsystem zur Bestimmung der Lagerreichweiten. Distribution 03/(1999), 8–12 (1999a)

Werner, H.: Benchmarking der Bestände zur Optimierung des Supply Chain Managements. Zeitschrift für Logistikmanagement 03/(1999), 36–39 (1999b)

Werner, H.: Reichweitenmonitoring. Optimierung des Supply Chain Managements. Zeitschrift für Unternehmensentwicklung 06/(1999), 268–275 (1999c)

Werner, H.: Die Hard-(Soft-) Analyse als Instrument des Logistikcontrollings. Beschaffung Aktuell 07/(1999), 32–36 (1999d)

Werner, H.: Die Hard-(Soft-) Analyse im F & E-Controlling. Zeitschrift für Planung 10/(1999), 307–317 (1999e)

Werner, H.: Die Materialpreisabweichung als Instrument des Einkaufscontrollings. Controlling 02/(1999), 150–155 (1999f)

Werner, H.: Supply Chain Management. Partnerschaft zwischen Lieferant und Kunde. Teil 1. WISU, Das Wirtschaftsstudium 06/(2000), 813–816 (2000a)

Werner, H.: Supply Chain Management. Partnerschaft zwischen Lieferant und Kunde. Teil 2. WISU, Das Wirtschaftsstudium 07/(2000), 941–945(2000b)

Werner, H.: Gängigkeitsanalyse. Einkauf, Materialwirtschaft und Logistik 01–02/(2000), 11–12 (2000c)

Werner, H.: Die Balanced Scorecard. Ziele, Hintergründe und kritische Würdigung. WiSt, Wirtschaftswissenschaftliches Studium 08/(2000), 455–457 (2000d)

Werner, H.: Frachtkosten im Griff. Steigerung der Transparenz durch ein Tracking System. Zeitschrift für Lager- und Transporttechnik, Logistik und Automation 04/(2000), 12–17 (2000e)

Werner, H.: Die Konsignation von Beständen – dargestellt am Beispiel der Automobilzulieferindustrie. Zeitschrift für Logistikmanagement 03/(2000), 74–76 (2000f)

Werner, H.: Die Balanced Scorecard im Supply Chain Management. Teil 1 Distribution 04/(2000), 8–11 (2000g)

Werner, H.: Die Balanced Scorecard im Supply Chain Management. Teil 2 Distribution 05/(2000), 14–15 (2000h)

Werner, H.: Die Balanced Scorecard. Ziele, Hintergründe und kritische Würdigung (2000i)

Werner, H.: e-Supply Chains. Konzepte und Trends. In: Werner, H., Buchholz, W. (Hrsg.) Supply Chain Solutions. Best Practices in e-Business, S. 11–27 (2001)

Werner, H.: Radio Frequency – Viel Licht, ein bisschen Schatten. DVZ, Deutsche Verkehrszeitung, Sonderbeilage zum 19. Deutschen Logistik-Kongress 123/2002, 16 (2002)

Werner, H.: Electronic Logistics. In: Pepels, W (Hrsg.) E-Business-Anwendungen in der Betriebswirtschaft, NWB Verlag, Herne et al. 2002, S. 156–174 (2002)

Werner, H.: Elektronische Supply Chains. In: Festschrift des Bundesverbandes für Material-wirtschaft, Einkauf und Logistik zum 50jährigen Bestehen, S. 58–60 (2003)

Werner, H.: Elektronische Supply Chains (E-Supply Chains). In: Busch, A., Dangelmaier, W. (Hrsg.) Integriertes Supply Chain Management. Theorie und Praxis effektiver un-ternehmensübergreifender Geschäftsprozesse, 2. Aufl., S. 413–425. Gabler, Wiesbaden (2004)

Werner, H.: Erfolgsmessung im Supply Chain Management. In: Seuring, S. (Hrsg.) Der Supply Chain Manager, S. 5–71. Gabler, Wiesbaden (2006)

Werner, H.: Vendor Managed Inventory und weitere Lagerkonzepte im Vergleich. In: Scheid, W.-M. (Hrsg.) Der Lager-Manager, Kapitel 6. Eschborn (2007)

Werner, H.: Balanceakt zwischen Technik und Finanzen: Systematisches Entwicklungscon-trolling und zugehörige Tools. Elektronik 26/(2008), 42–45 (2008)

Werner, H.: Logistik-Controlling. In: Pradel, U.-H., Süssenguth, W. (Hrsg.) Praxishandbuch Logistik, S. 481–513. Hanser Verlag, Köln (2009)

Werner, H.: Kennzahlenmanagement in der Supply Chain. Controlling – Zeitschrift für erfolgsorientierte Unternehmensführung 11/(2011), 597–603 (2011a)

Werner, H.: Quality Function Deployment (QFD) in der Logistik. Supply Chain Management 01/(2011), 21–26 (2011b)

Werner, H.: Bestandsfinanzierung – Die Logistik macht jetzt alles! Beschaffung aktuell 05/(2011), 24–26 (2011c)

Werner, H.: Supply Chain Management: Grundlagen, Strategien, Instrumente und Contro-lling, 5. Aufl. Springer, Wiesbaden (2013a)

Werner, H.: Modernes Management von Qualitätskennzahlen. Zeitschrift für Controlling und Management 06/(2013), 40–49 (2013b)

Werner, H.: Financial Supply Chain: Von der Konsignation zur Bestandsfinanzierung. Supply Chain Management 01/(2013), 13–17 (2013c)

Werner, H.: Moderne Performance-Messung in der Supply Chain über Kennzahlen. In: Gleich, R., Daxböck, C. (Hrsg.), Supply Chain- und Logistikcontrolling. Instrumente, Kennzahlen, Best-Practices, S. 39–56 (2014a)

Werner, H.: Kennzahlen zur Performance-Messung in der Supply Chain. In: Der Controlling-Berater (Hrsg.), Bd. 31: Supply-Chain- und Logistikcontrolling, S. 39–56. (2014b)

Werner, H., Brill, F.: Vendor Managed Inventory. Verlagerung der Bestandshoheit auf den Hersteller. WiST, Wirtschaftswissenschaftliches Studium 01/(2011), 17–23 (2011d)

Werner, H., Buchholz, W.: Strategien und Instrumente zur Verkürzung der Produktentwick-lungsdauer. DBW, Die Betriebswirtschaft 05/(1997), 694–709 (1997)

Werner, H., Buchholz, W.: Beschleunigte Produktentwicklung durch Vernetzung von Unternehmensprozessen. Marktforschung und Management 06/(19998), 211–217 (1998)

Werner, H., Buchholz, W. (Hrsg.): Supply chain solutions. Best practices in e-business. Stuttgart (2001)

Werner, H, Pfendt, U.: Kostensenkungspotentiale in der Distributionslogistik. Distribution 07–08/(1997), 10–14 (1997)

Werner, H., Scherer, R.: Virtuelle Marktplätze in der Automobilzulieferindustrie. In: Werner, H., Buchholz, W. (Hrsg.) Supply Chain Solutions. Best Practices in e-Business, S. 155–169 (2001)

Werner, H., Renner, M., Zirbs, J.: Konsignation in der Automobilzulieferindustrie. Beschaffung Aktuell 05/(2001), 54–59 (2001)

Werner, H., Justin, H., Pleyer, F, Überall, V.: Einkaufcontrolling. In: Häberle, S.G. (Hrsg.)
Lexikon der Betriebswirtschaftslehre, S. 333–336. Oldenbourg Verlag, Berlin (2008)

Wildemann, H.: Unternehmensübergreifende Logistik: Supply Chain Management. In:
Koether, R. (Hrsg.) Taschenbuch Logistik, S. 201–209. Hanser Verlag, München (2006)

Wojciech, S.: Supply Chain Controlling. Eine Integration von Advanced Planning Systems
und SCOR-Modell. AV Akademikerverlag, Saarbrücken (2012)

Zimmermann, K.: Supply Chain Balanced Scorecard. Unternehmensübergreifendes Management von Wertschöpfungsketten. Gabler, Wiesbaden (2003)

Sachverzeichnis

H. Werner, *Kompakt Edition: Supply Chain Controlling*,
DOI 10.1007/978-3-658-05622-3, © Springer Fachmedien Wiesbaden 2014

177

Druck: KN Digital Printforce GmbH · Schockenriedstraße 37 · 70565 Stuttgart